高等学校"互联网+"新形态教材

微积分同步练习与测试

主　编　常　涛
副主编　万祥兰　陈　洁

中国水利水电出版社
www.waterpub.com.cn
·北京·

内 容 提 要

本测试题集根据教育部"关于经管类微积分课程的教学基本要求和经管类学生考研课程的要求"编写而成，是蔡光兴、李德宜主编的《微积分》（经管类）配套的学习辅导书，内容主要包括：一元函数微积分学及其应用、微分方程、差分方程、无穷级数、多元函数微积分学及其应用。本测试题集针对同行和学生在"微积分"学习过程中提出的宝贵意见及建议，合理设置了基础题、中档题和拔高题的比例，增加了部分往年考研真题，内容充实，难易适中，实用性强，兼顾各个层次的学生。

本测试题集按照教材章节对应编写，共分 11 章，各章均由同步练习题、自测题、思考题构成；习题集后附有学校近三年上、下学期期末考试试卷共 6 套；最后，还给出了同步练习题、自测题、思考题和试卷的参考答案与提示。

《微积分同步练习与测试》具有选题灵活、题型丰富、覆盖面广等特点，可作为高等学校经管类各专业微积分课程的辅导用书，也可供其他相关专业读者使用，对报考相关专业硕士研究生的学生及从事本课程教学的教师具有一定的参考价值。

图书在版编目（CIP）数据

微积分同步练习与测试/常涛主编. —北京：中国水利水电出版社，2020.9
高等学校"互联网+"新形态教材
ISBN 978-7-5170-8879-0

Ⅰ. ①微… Ⅱ. ①常… Ⅲ. ①微积分—高等学校—习题集 Ⅳ. ①O172-44

中国版本图书馆 CIP 数据核字（2020）第 176870 号

书　　名	高等学校"互联网+"新形态教材 微积分同步练习与测试 WEI-JIFEN TONGBU LIANXI YU CESHI	
作　　者	主　编　常　涛 副主编　万祥兰　陈　洁	
出版发行	中国水利水电出版社 （北京市海淀区玉渊潭南路 1 号 D 座　100038） 网址：www. waterpub. com. cn E-mail：sales@ waterpub. com. cn 电话：（010）68367658（营销中心）	
经　　售	北京科水图书销售中心（零售） 电话：（010）88383994、63202643、68545874 全国各地新华书店和相关出版物销售网点	
排　　版	京华图文制作有限公司	
印　　刷	河北华商印装有限公司	
规　　格	185mm×260mm　16 开本　15 印张　180 千字	
版　　次	2020 年 9 月第 1 版　2020 年 9 月第 1 次印刷	
印　　数	0001—3000 册	
定　　价	49.80 元	

前　言

　　"微积分"是高等学校经管类专业学生必修的学科基础课程。常言讲，百看不如一练。任何学科和知识的学习都离不开一些必要的专业训练和测试，而微积分作为很多学科、领域学习分析数据的基础和工具，学生很有必要通过一定的练习去检验自身的学习成效，巩固所学的概念、定理，并进一步提高综合运用能力。练不在多，有用则行；题不在繁，精准则灵。为此，我们在多年的"微积分"课程教学实践的基础上，对大量的微积分习题进行了筛选和编排，编写了这本《微积分同步练习与测试》。本书与科学出版社的《微积分（经管类）》《微积分学习指导》配套使用，适用于高等学校经管类专业本、专科学生。

　　本测试题集与教材同步，主体内容如下：

　　（1）每节配有一定量的同步练习题，难度适中、内容充实、选题新颖，突出基本概念、基本定理和基本运算，注重微积分在经济中的应用。其中每节的选择题发布在网络教学平台，供学生线上使用；填空题与主观题以纸质版供学生线下使用，做到线上线下混合式教学和学习。另外，每章都纳入了适当的考研真题，为有更高训练需求或后期有考研打算的学生指明了需要努力和重点掌握的方向。

　　（2）每章编排了自测题，并按百分制标注分数，供学生直观便捷地自我检测本章内容的学习效果。

　　（3）每节部分重难点习题配备详细的解答过程，并且编排了有一定难度的思考题，可供有兴趣、有更强能力的学生开拓学习视野和训练解题技巧。

　　（4）编排了近几年学校第一学期和第二学期期末考试试题共6套，供学生期末考试前复习使用。

　　本书由常涛任主编，万祥兰、陈洁任副主编。参加编写的教师有董秀明、曾宇、曾莹、闻卉。方瑛、贺方超、李翰芳、巴娜参与了自测题和答案的编写与整理工作，全书统稿工作由常涛、万祥兰、陈洁完成，最后由常涛定稿。

　　最后，感谢湖北工业大学理学院数学课部的全体教师对本测试题集提出的宝贵修改意见。由于编者水平有限，书中疏漏或错误之处在所难免，恳请广大读者不吝指正，以便今后修订，使之更加完善，编者将不胜感激。

编者

2020 年 7 月

目　　录

第 1 章　函数与 Mathematica 入门

§1.1 §1.2　集合、函数

1. 填空题:

(1) 椭圆 $x^2 + \dfrac{y^2}{9} = 1$ 外部的点的集合是＿＿＿＿＿＿＿＿.

(2) 抛物线 $y = x^2$ 与直线 $y = x$ 交点的集合是＿＿＿＿＿＿＿＿.

(3) 用区间＿＿＿＿＿＿＿表示 $0 < |x - a| < \varepsilon$ ($\varepsilon > 0$) 的所有 x 的集合.

(4) 函数 $f(x) = \dfrac{1}{\ln(x + 1)} + \sqrt{5 - x}$ 的定义域是＿＿＿＿＿＿＿＿.

(5) 设 $f(x) - 2f\left(\dfrac{1}{x}\right) = \dfrac{2}{x}$, 则 $f(x) =$ ＿＿＿＿＿＿＿＿.

(6) 函数 $f(x)$ 的定义域是 $[0, 1]$, 则 $f(\ln x)$ 的定义域是＿＿＿＿＿＿.

(7) (研 1990) 设函数 $f(x) = \begin{cases} 1, & |x| \leqslant 1 \\ 0, & |x| > 1 \end{cases}$, 则 $f[f(x)] =$ ＿＿＿＿＿＿＿.

(8) (研 1992) 已知 $f(x) = \sin x$, $f[\varphi(x)] = 1 - x^2$, 则 $\varphi(x) =$ ＿＿＿＿＿＿＿, 其定义域为＿＿＿＿＿＿＿＿＿.

2. 设 $A = (3, 5)$, $B = (4, +\infty)$, 求 $A \cup B$, $A \cap B$, $A - B$ (用区间表示其结果).

3. 已知 $A = \{a, 3, 2, 4\}$，$B = \{1, 3, 5, b\}$，要使 $A \cap B = \{1, 2, 3\}$，求 a, b.

4. 下列函数可以看成是由哪些简单函数复合而成的，从外到内写出复合关系：

(1) $y = \sqrt{\ln\sqrt{x}}$ ；

(2) $y = x^x$ $(x > 0)$.

5. 设 $g(x) = \begin{cases} 2 - x, & x \leqslant 0 \\ x + 2, & x > 0 \end{cases}$，$f(x) = \begin{cases} x^2, & x < 0 \\ -x, & x \geqslant 0 \end{cases}$，求 $g[f(x)]$.

6. 确定函数 $f(x) = 3x + \ln x$ 在区间 $(0, +\infty)$ 内的单调性.

7. 函数 $y = 1 + \tan \pi x$ 是否是周期函数？如果是，指出其周期.

8. 求下列函数的反函数.

（1）$y = \dfrac{3^x}{3^x - 1}$；

（2）$y = \lg\left(x + \sqrt{x^2 - 1}\right)$.

9. 设 $af(x) + bf\left(\dfrac{1}{x}\right) = \dfrac{c}{x}$，其中 a，b，c 为常数，且 $|a| \neq |b|$，试证：$f(x) = f(-x)$.

10. 某城市的行政管理部门，在保证居民正常用水需要的前提下，为了节约用水，制定了如下收费方法：每户居民每月用水量不超过 4.5t 时，水费按 0.64 元/t 计算；超过部分每吨以 5 倍价格收费. 试求：（1）每月用水费用 C 与用水量 x 之间的函数关系 $C(x)$；（2）用水量分别为 3.5t，4.5t，5.5t 的用水费用.

11. 某运输公司规定某种货物的运输收费标准为：不超过 200km，每千米收费 6 元；200km 以上但不超过 500km，超出部分每千米收费 4 元；超出 500km 以上每千米收费 3 元，试将总运费表示为路程的函数.

§1.3　经济中常用的函数

1. 填空题：

（1）以 P 代表价格，Q 代表销量，则总收益 $R =$ ＿＿＿＿＿＿＿＿.

（2）每个电子词典的进价为 200 元，售价为 240 元，若某天销售了 7 台，则总利润 $L =$ ＿＿＿＿＿＿＿＿.

（3）某厂每批生产 A 产品 x 台的费用为 $C(x) = 4x + 100$（万元），得到的收入为 $R(x) = 8x - 0.01x^2$（万元），则每批生产 $x =$ ＿＿＿＿＿＿＿＿ 台，才使得利润最大.

（4）设某产品的价格需求函数为 $P = 30 - \dfrac{Q}{6}$，其中 P 代表价格，Q 代表销量，则销量为 18 个单位时的平均收益 $R_A =$ ＿＿＿＿＿＿＿＿.

（5）设生产与销售某产品的总收益 R 是产量 x 的二次函数，经统计得知：当产量 $x = 0$，2，4 时，总收益 $R = 0$，6，8，则总收益 R 与产量 x 之间的函数关系为＿＿＿＿＿.

2. 某机床厂最大生产能力为年产 m 台机床，固定成本为 b 元，每生产一台机床，总成本增加 a 元，试求总成本和平均成本. 若每台机床售价为 p，试求利润函数，损益分歧点（也称盈亏平衡点，指全部销售收入等于全部成本时的产量）.

3. 已知某产品价格 P 和需求量 Q 有关系式 $3P + Q = 60$，求：（1）需求函数 $Q = Q(P)$ 并作图；（2）总收益函数 $R = R(Q)$ 并作图；（3）需求量为多少时总收益最大？

4. 某工厂对棉花的需求函数由 $PQ^{0.4} = 0.11$ 给出，求：（1）总收益函数 R；（2）$P(12)$，$P(15)$，$P(20)$，$R(12)$，$R(15)$，$R(20)$；（3）作需求函数和总收益函数图.

5. 某商品的单价为 100 元，单价成本为 60 元，商家为了促销，规定凡是购买超过 200 个单位时，对超出部分按单价的九五折出售，求成本函数、收益函数、利润函数.

第 2 章　极限与连续

§2.1　极限（Ⅰ）

1. 填空题：

（1）数列 $\{a_n\}$ 有界是该数列收敛的_____条件，数列 $\{a_n\}$ 无界是该数列发散的_____条件.

（2）需要熟记的几个数列极限：$\lim\limits_{n\to\infty}\dfrac{1}{n}=$_____；$\lim\limits_{n\to\infty}\dfrac{1}{n^p}=$_____（ $p>0$ ）；$\lim\limits_{n\to\infty}q^n=$_____（ $|q|<1$ ）.

（3）$\lim\limits_{n\to\infty}\dfrac{\sin n}{n}=$_____；$\lim\limits_{n\to\infty}\left[3+\dfrac{(-1)^n}{n^2}\right]=$_____.

2. 用 $\varepsilon-N$ 定义证明：$\lim\limits_{n\to\infty}\dfrac{2n+1}{3n+1}=\dfrac{2}{3}$.

3. 求极限 $\lim\limits_{n\to\infty}\dfrac{a^n}{1+a^n}$（ $a\geqslant 0$ ）.

4. 设数列 $\{x_n\}$ 有界, 又 $\lim\limits_{n\to\infty} y_n = 0$, 证明: $\lim\limits_{n\to\infty} x_n y_n = 0$.

5. 证明: $\lim\limits_{n\to\infty} x_n = 0$ 的充分必要条件是 $\lim\limits_{n\to\infty} |x_n| = 0$.

6. 若 $\lim\limits_{n\to\infty} x_n = a$, $a > 0$, 证明存在正整数 N, 使当 $n > N$ 时, 有 $x_n > 0$.

§2.1 极限 (Ⅱ)

1. 填空题:

(1) $\lim\limits_{x\to -2} (3x^2 - 5x + 2) = $ _____.

(2) $\lim\limits_{x\to\sqrt{3}} \dfrac{x^2 - 3}{x^4 + x^2 + 1} = $ _____.

(3) $\lim\limits_{x\to 0} \dfrac{4x^3 - 2x^2 + x}{3x^2 + 2x} = $ _____.

(4) $\lim\limits_{x\to 1} \dfrac{x^2 - 3x + 2}{1 - x^2} = $ _____.

(5) 设 $f(x) = \begin{cases} e^x, & x \geq 0 \\ ax + b, & x < 0 \end{cases}$, 则 $\lim\limits_{x\to 1} f(x) = $ _____, $\lim\limits_{x\to -2} f(x) = $ _____; $\lim\limits_{x\to 0^-} f(x) = $ _____, $\lim\limits_{x\to 0^+} f(x) = $ _____; 当 $b = $ _____ 时, $\lim\limits_{x\to 0} f(x) = 1$.

(6) 若 $f(x) < 0$, 且 $\lim\limits_{x\to x_0} f(x) = A$ 存在, 那么 A _____ 0. (填>、<、=、≥或≤)

（7）函数 $f(x)$ 在点 $x = x_0$ 处有定义是它在该点有极限的 _____ 条件.

2. 用函数极限的定义证明：

（1）$\lim\limits_{x \to 3}(2x - 1) = 5$；

（2）$\lim\limits_{x \to +\infty} \dfrac{\sin x}{\sqrt{x}} = 0$.

3. 讨论 $\lim\limits_{x \to 0} \operatorname{sgn} x$ 是否存在.

4. 计算下列极限：

（1）$\lim\limits_{x \to 0} \dfrac{x^2 - 1}{2x^2 - x - 1}$；

（2）$\lim\limits_{x \to 1} \dfrac{x^2 - 1}{2x^2 - x - 1}$；

（3）$\lim\limits_{x\to\infty}\dfrac{x^2-1}{2x^2-x-1}$.

5. 计算下列极限：

（1）$\lim\limits_{x\to 0^+}\dfrac{1-e^{\frac{1}{x}}}{1+e^{\frac{1}{x}}}$；

（2）$\lim\limits_{x\to 0^-}\dfrac{1-e^{\frac{1}{x}}}{1+e^{\frac{1}{x}}}$；

（3）$\lim\limits_{x\to 16}\dfrac{\sqrt[4]{x}-2}{\sqrt{x}-4}$；

（4）$\lim\limits_{x\to +\infty}(\sqrt{x+1}-\sqrt{x})$.

6. 证明：$\lim\limits_{x \to x_0} f(x) = A$ 的充要条件是 $\lim\limits_{x \to x_0^-} f(x) = \lim\limits_{x \to x_0^+} f(x) = A$.

§2.2　极限运算法则（Ⅰ）

1. 填空题：

（1）$\lim\limits_{x \to \infty} \dfrac{2x + 3}{6x - 1} =$ _____.

（2）$\lim\limits_{x \to 0} \dfrac{x^2}{1 - \sqrt{1 + x^2}} =$ _____.

（3）（研 2007）$\lim\limits_{x \to \infty} \dfrac{x^3 + x^2 + 1}{x^4 + 2x^3 - 4}(\sin x + \cos x) =$ _____.

（4）若 $\lim\limits_{x \to \infty} \dfrac{ax + 2\sin x}{x} = 2$，则 $a =$ _____.

（5）若 $\lim\limits_{x \to 3} \dfrac{x^2 - 2x + k}{x - 3} = 4$，则 $k =$ _____.

（6）（研 1990）$\lim\limits_{n \to \infty} \left(\sqrt{n + 3\sqrt{n}} - \sqrt{n - \sqrt{n}} \right) =$ _____.

2. 计算下列极限：

（1）$\lim\limits_{n \to \infty} \dfrac{3n^2 + n + 1}{n^3 + 4n^2 - 1}$；　　　　　　（2）$\lim\limits_{n \to \infty} \left[\dfrac{1}{1 \times 2} + \dfrac{1}{2 \times 3} + \cdots + \dfrac{1}{n(n + 1)} \right]$；

（3）$\lim\limits_{n \to \infty} \left(\dfrac{1}{n^2} + \dfrac{2}{n^2} + \cdots + \dfrac{n}{n^2} \right)$；

（4）$\lim\limits_{x \to \infty} \dfrac{2x^2 + 1}{x^2 + 5x + 3}$；

（5）$\lim\limits_{x \to 1} \dfrac{x^2 - 1}{x^2 - 5x + 4}$；

（6）$\lim\limits_{x \to 2} \dfrac{x^3 + 1}{x^2 - 5x + 3}$；

（7）$\lim\limits_{x \to +\infty} \left(\sqrt{x^2 + x} - \sqrt{x^2 + 1} \right)$；

（8）$\lim\limits_{n \to \infty} \dfrac{3^n + 2^n}{3^{n+1} - 2^{n+1}}$；

(9) $\lim\limits_{x \to 1} \dfrac{3x^2 + 1}{x^2 - 4x + 1}$;

(10) $\lim\limits_{x \to 1} \left(\dfrac{3}{1 - x^3} - \dfrac{1}{1 - x} \right)$;

(11) $\lim\limits_{x \to \infty} \dfrac{x^2 + x}{5x^3 - 3x + 1}$;

(12) $\lim\limits_{x \to 0} \dfrac{\sqrt{1 + x} - \sqrt{1 - x}}{\sqrt[3]{1 + x} - \sqrt[3]{1 - x}}$;

(13) $\lim\limits_{x \to \infty} \dfrac{(3x + 2)^{1000} \, (2x - 1)^{1020}}{(2x + 1)^{2020}}$;

(14) $\lim\limits_{x \to 0} x \sin \dfrac{1}{x}$;

（15）$\lim\limits_{x\to\infty}\dfrac{\cos x}{x}$；

（16）$\lim\limits_{x\to+\infty}\dfrac{x\sin x}{\sqrt{1+x^2}}\arctan\dfrac{1}{x}$．

3. 函数 $f(x)=\begin{cases}5-x\sin\dfrac{1}{x}, & x>0\\ 10, & x=0\\ 5+x^2, & x<0\end{cases}$ 在 $x=0$ 处的左、右极限是否存在？当 $x\to0$ 时，

$f(x)$ 的极限是否存在？

4. 已知 $\lim\limits_{x\to\infty}\left(\dfrac{x^2+1}{x+1}-ax-b\right)=0$，求待定常数 a 和 b．

5. 设 $\lim\limits_{x \to 1} f(x)$ 存在，且 $f(x) = x + 2x\lim\limits_{x \to 1} f(x)$，求 $f(x)$．

§2.2　极限运算法则（Ⅱ）

1. 填空题：

（1）$\lim\limits_{n \to \infty} n\sin\dfrac{x}{n} = \underline{\hspace{3cm}}$．

（2）$\lim\limits_{x \to 0} \dfrac{x - \sin x}{x + \sin x} = \underline{\hspace{3cm}}$．

（3）$\lim\limits_{x \to \infty} \left(1 + \dfrac{2}{x}\right)^{2x} = \underline{\hspace{3cm}}$．

（4）$\lim\limits_{n \to \infty} \left(1 + \dfrac{2}{n}\right)^{kn} = \mathrm{e}^{-3}$，则 $k = \underline{\hspace{3cm}}$．

（5）$\lim\limits_{n \to \infty} \left(\dfrac{n}{n^2 + 1} + \dfrac{n}{n^2 + 2} + \cdots + \dfrac{n}{n^2 + n}\right) = \underline{\hspace{3cm}}$．

2. 计算下列极限：

（1）$\lim\limits_{x \to 0} x\cot x$；

（2）$\lim\limits_{x \to 1} \dfrac{\sin(x^2 - 1)}{x - 1}$；

$(3) \lim\limits_{x \to 0} \dfrac{\sqrt{1-x}-1}{\sin 4x}$;

$(4) \lim\limits_{x \to a} \dfrac{\cos x - \cos a}{x-a}.$

3. 计算下列极限：

$(1) \lim\limits_{x \to 0}\left(1+\dfrac{x}{2}\right)^{-\frac{1}{x}}$;

$(2) \lim\limits_{x \to \infty}(1+\cos x)^{3\sec x}$;

$(3) \lim\limits_{x \to 2}\left(\dfrac{x}{2}\right)^{\frac{1}{x-2}}$;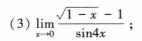

$(4) \lim\limits_{x \to \infty}\left(\dfrac{x+5}{x-5}\right)^{x}.$

4. 利用极限存在准则证明:

（1）$\lim\limits_{x \to 0^+} x \left[\dfrac{1}{x} \right] = 1$;

（2）$\lim\limits_{n \to \infty} \left(\dfrac{1}{\sqrt{n^6 + n}} + \dfrac{2^2}{\sqrt{n^6 + 2n}} + \cdots + \dfrac{n^2}{\sqrt{n^6 + n^2}} \right) = \dfrac{1}{3}$;

（3）数列 $x_1 = \sqrt{6}$，$x_{n+1} = \sqrt{6 + x_n}$（$n = 1, 2, \cdots$），证明数列 $\{x_n\}$ 的极限存在.

§2.3　无穷小比较（I）

1. 填空题:

（1）设 $y = \dfrac{1}{1 - x}$，当 $x \to$ _____时，y 是无穷小量，当 $x \to$ _____时，y 是无穷大量.

（2）如果 $\lim\limits_{x \to x_0} f(x) = \infty$ ，则 $f(x)$ 在 $x \to x_0$ 时，极限_____.（填存在或不存在）

（3）$\lim\limits_{x \to x_0} f(x) = A$ 当且仅当 $|f(x) - A|$ 是_____.

（4）$\lim\limits_{x \to 0^+} \ln x =$ _____，$\lim\limits_{x \to +\infty} \ln x =$ _____ ，$\lim\limits_{x \to -\infty} e^x =$ _____，$\lim\limits_{x \to +\infty} e^x =$ _____，

$\lim\limits_{x \to 0} \cot x =$ _____.（填$+\infty$、$-\infty$、∞ 或 0）

2. 根据定义证明：

（1）$f(x) = \dfrac{x^2 - 1}{x + 1}$ 为当 $x \to 1$ 时的无穷小；

（2）$f(x) = \dfrac{1}{x} \sin x$ 为当 $x \to \infty$ 时的无穷小.

3. 证明：函数 $y = \dfrac{1}{x} \cos \dfrac{1}{x}$ 在区间 $(0, 1]$ 上无界，但这函数不是 $x \to 0^+$ 时的无穷大.

§2.3　无穷小比较（Ⅱ）

1. 填空题：

（1）函数 $y = \dfrac{1}{(x+1)^2}$ 当 $x \to$ _____ 时为无穷大，当 $x \to$ _____ 时为无穷小.

（2）当 $x \to 0$ 时，$1 - \sqrt{1-x^2}$ 与 x 相比较是 _____ 无穷小.

（3）当 $x \to 1$ 时，$1 - x$ 与 $1 - x^2$ 相比较是 _____ 无穷小.

（4）当 $x \to 0$ 时，$2x - x^2$ 与 $x^2 - x^3$ 相比较是 _____ 无穷小.

（5）若 $\lim\limits_{x \to 0} \dfrac{f(x)}{x^{k+1}} = 0$，$\lim\limits_{x \to 0} \dfrac{g(x)}{x^k} = c \neq 0 (k > 0)$，当 $x \to 0$ 时，$f(x)$ 是 $g(x)$ 的 _____ 无穷小.

（6）当 $x \to \infty$ 时，若 $\dfrac{1}{ax^2 + bx + c} \sim \dfrac{1}{x+1}$，则 $a =$ _____，$b =$ _____，$c =$ _____.

（7）当 $x \to 0$ 时，无穷小量 $2\sin x - \sin 2x$ 与 nx^m 等价，其中 n，m 为常数，则 $n =$ _____，$m =$ _____.

（8）写出下列函数在 $x \to 0$ 时的等价无穷小（cx^k 的形式）：

$\sin x \sim$ _____，$\tan x \sim$ _____，$\arcsin x \sim$ _____，$\arctan x \sim$ _____，

$1 - \cos x \sim$ _____，$\tan x - \sin x \sim$ _____，

$\sqrt[n]{1+x} - 1 \sim$ _____.

2. 利用等价无穷小的性质，求下列极限：

（1）$\lim\limits_{x \to 0} \dfrac{\tan nx}{\sin mx}$（$n$，$m$ 为正整数）；

（2）$\lim\limits_{x \to 0} \dfrac{\sqrt{1 + x + 2x^2} - 1}{\sin 3x}$；

（3）$\lim\limits_{x\to\infty} x^2\left(1-\cos\dfrac{1}{x}\right)$ ；

（4）$\lim\limits_{x\to 0}\dfrac{\tan x - \sin x}{\left(\sqrt[5]{1+x^2}-1\right)\cdot\arcsin x}$ ；

（5）$\lim\limits_{x\to 0^+}\dfrac{1-\sqrt{\cos x}}{x(1-\cos\sqrt{x})}$ ；

（6）$\lim\limits_{x\to 0}\dfrac{x+\sin^2 x + \tan 3x}{\sin 5x + 2x^2}$.

3. 当 $x\to 0$ 时，若 $(1-ax^2)^{\frac{1}{4}}-1$ 与 $x\sin x$ 是等价无穷小，试求 a .

4. 已知 $P(x)$ 是多项式，且 $\lim\limits_{x\to 0}\dfrac{P(x)-2x^3}{x^2}=1$，又 $\lim\limits_{x\to 0}\dfrac{P(x)}{3x}=1$，求 $P(x)$.

§2.4　函数的连续性（Ⅰ）

1. 填空题：

（1）函数 $f(x)=\dfrac{1}{1+\dfrac{1}{x}}$ 的间断点是＿＿＿＿＿＿＿＿.

（2）$x=0$ 是函数 $y=\mathrm{e}^{\frac{1}{x}}$ 的第＿＿＿＿＿＿类＿＿＿＿＿＿间断点.

（3）$x=0$ 是函数 $y=\arctan\dfrac{1}{x}$ 的第＿＿＿＿＿＿类＿＿＿＿＿＿间断点.

（4）设 $y=\dfrac{\sqrt[3]{x}-1}{x-1}$，则 $x=1$ 是 y 的第＿＿＿＿＿＿类＿＿＿＿＿＿间断点.

（5）函数 $f(x)=\dfrac{x-2}{x^2-x-2}$ 的可去间断点是＿＿＿＿＿＿＿＿.

（6）函数 $f(x)$ 在 $x=a$ 处连续是 $\lim\limits_{x\to a^-}f(x)=\lim\limits_{x\to a^+}f(x)=A$ 的＿＿＿＿＿＿条件.

（7）若函数 $f(x)=\begin{cases}\dfrac{\tan ax}{x}, & x\neq 0 \\ -1, & x=0\end{cases}$ 在 $x=0$ 处连续，则 $a=$＿＿＿＿＿＿.

2. 讨论下列函数的间断点，并指出其类型. 如果是可去间断点，则补充或改变函数

的定义使其连续:

(1) $f(x) = \dfrac{1}{1 + e^{\frac{1}{x}}}$;

(2) $f(x) = \begin{cases} x\sin\dfrac{1}{x}, & x \neq 0 \\ 0, & x = 0 \end{cases}$;

(3) $f(x) = \sin\dfrac{1}{x}$;

(4) $f(x) = \dfrac{x^2 - x}{|x|(x^2 - 1)}$.

3. 讨论下列函数的连续性, 若有间断点, 判别其类型:

(1) $f(x) = \lim\limits_{n \to \infty} \dfrac{1}{1 + x^n}$ $(x \geq 0)$;

(2) $f(x) = \lim\limits_{n \to \infty} \dfrac{1 - x^{2n}}{1 + x^{2n}} x$.

4. 设函数 $f(x) = \begin{cases} \dfrac{\sin 2x}{x}, & x < 0 \\ x^2 + a, & x \geq 0 \end{cases}$. 试确定 a 的值，使函数 $f(x)$ 在 $x = 0$ 处连续.

§2.4　函数的连续性（Ⅱ）

1. 填空题：

(1) 函数 $f(x) = \dfrac{x^2 + x - 2}{x^2 - 4x + 3}$ 的连续区间是＿＿＿＿＿＿＿.

(2) 已知 $f\left(\dfrac{\pi}{3}\right) = \sqrt{3}$ ，则当 $a =$ ＿＿＿＿＿＿＿时，$f(x) = a\sin x + \dfrac{1}{3}\sin 3x$ 在 $x = \dfrac{\pi}{3}$ 处连续.

（3）设 $f(x) = \begin{cases} \dfrac{1 - \cos x}{x^2}, & x \neq 0 \\ a, & x = 0 \end{cases}$ ，若 $f(x)$ 在 $x = 0$ 处连续，则 $a = $ _____．

（4）$\lim\limits_{x \to 0} \dfrac{\ln(1 + x^2)}{\sin(1 + x^2)} = $ _____．

（5）（研 2019）$\lim\limits_{x \to 0} (x + 2^x)^{\frac{2}{x}} = $ _____．

（6）（研 2002）设常数 $a \neq \dfrac{1}{2}$ ，则 $\lim\limits_{n \to \infty} \ln \left[\dfrac{n - 2na + 1}{n(1 - 2a)} \right]^n = $ _____．

（7）（研 2018）设函数 $f(x) = \begin{cases} -1, & x < 0 \\ 1, & x \geq 0 \end{cases}$ ，$g(x) = \begin{cases} 2 - ax, & x \leq -1 \\ x, & -1 < x < 0 \\ x - b, & x \geq 0 \end{cases}$ ，若 $f(x)$

$+ g(x)$ 在 **R** 上连续，则 $a = $ _____，$b = $ _____．

2. 求下列极限：

（1）$\lim\limits_{x \to 1} \dfrac{\dfrac{1}{2} + \ln(2 - x)}{3\arctan x - \dfrac{\pi}{4}}$ ；

（2）$\lim\limits_{x \to 0} \ln \dfrac{\sin x}{x}$ ；

（3）$\lim\limits_{x \to +\infty} \arcsin\left(\sqrt{x^2 + x} - x\right)$ ；

（4）（研 2000）$\lim\limits_{x \to 0} \left(\dfrac{2 + e^{\frac{1}{x}}}{1 + e^{\frac{4}{x}}} + \dfrac{\sin x}{|x|} \right)$ ；

(5)（研 1997）$\lim\limits_{x\to-\infty}\dfrac{\sqrt{4x^2+x-1}+x+1}{\sqrt{x^2+\sin x}}$；（6）$\lim\limits_{x\to0}(1+x^2\mathrm{e}^x)^{\frac{1}{1-\cos x}}$；

(7) $\lim\limits_{x\to0}\left[1+\ln(1+x)\right]^{\frac{2}{x}}$；　　　　　　　(8) $\lim\limits_{x\to0}\dfrac{\sqrt{1+\tan x}-\sqrt{1+\sin x}}{x\sqrt{1+\sin^2 x}-x}$.

3. 设 $\lim\limits_{x\to\infty}\left(\dfrac{x+2a}{x-a}\right)^x=8$ 且 $a\neq0$，求常数 a 的值.

§2.4　函数的连续性（Ⅲ）

1. 证明：方程 $x\ln x = 2$ 在（1，e）内至少有一个实根.

2. 证明：方程 $x^5 + x = 1$ 有正实根.

3. 设 $f(x)$ 在 $[0，1]$ 上连续，且 $f(0) = f(1)$，证明：一定存在 $\xi \in \left[0，\dfrac{1}{2}\right]$，使得 $f(\xi) = f\left(\xi + \dfrac{1}{2}\right)$.

4. 若 $f(x)$ 在 (a, b) 内连续，$a < x_1 < x_2 < \cdots < x_n < b \ (n \geqslant 3)$，则在 (a, b) 内至少有一点 ξ，使 $f(\xi) = \dfrac{f(x_1) + f(x_2) + \cdots + f(x_n)}{n}$.

5. 若 $f(x)$ 在 $[a, b]$ 上连续，$x_i \in [a, b]$，$t_i > 0 (i = 1, 2, 3, \cdots, n)$，且 $\displaystyle\sum_{i=0}^{n} t_i = 1$. 试证至少存在一点 $\xi \in (a, b)$，使得 $f(\xi) = t_1 f(x_1) + t_2 f(x_2) + \cdots + t_n f(x_n)$.

6. 证明：若 $f(x)$ 在 $(-\infty, +\infty)$ 内连续，且 $\lim\limits_{x \to \infty} f(x)$ 存在，则 $f(x)$ 必在 $(-\infty, +\infty)$ 内有界.

自　测　题　二

一、填空题（每小题 3 分，共 15 分）

1. 设 $f(x) = \dfrac{1}{1 + x}$，则 $f\left[f\left(\dfrac{1}{x} \right) \right] =$ _____.

2. $\lim\limits_{x \to 1} \dfrac{x^2 + 2x - a}{x^2 - 1} = 2$，则 $a =$ _____.

3. 已知 $f(x) = e^{\frac{1}{x}}$，则 $f(0^-) =$ _____.

4. $\lim\limits_{x \to 0} (1 + x)^{\frac{1}{2x}} =$ _____.

5. 设 $\lim\limits_{x \to 0} \dfrac{f(x)}{x^3} = -3$，则 $\lim\limits_{x \to 0} \dfrac{f(x)}{x} =$ _____.

二、选择题（每小题 3 分，共 15 分）

1. 如果函数 $f(x)$ 的定义域为 $(-1, 0)$，则下列函数中，（　　）的定义域为 $(0, 1)$.

　　A. $f(1-x)$ 　　　　　B. $f(x-1)$ 　　　　　C. $f(x+1)$ 　　　　　D. $f(x^2-1)$

2. 设 $f(x)=\begin{cases} x-1, & x \leqslant 0 \\ x^2, & x > 0 \end{cases}$，则 $\lim\limits_{x \to 0} f(x)$ 是（　　）.

　　A. 1 　　　　　B. -1 　　　　　C. 0 　　　　　D. 不存在

3. 当 $x \to 0$ 时，下列变量中与 x 等价的无穷小量是（　　）.

　　A. $\dfrac{\sin x}{\sqrt{x}}$ 　　　　　B. $2\sin x$ 　　　　　C. $\ln(1+x)$ 　　　　　D. $\ln(1+x^2)$

4. 设 $f(x)=\dfrac{|x+1|}{x+1}$，则 $x=-1$ 是 $f(x)$ 的（　　）.

　　A. 可去间断点 　　　　　B. 跳跃间断点 　　　　　C. 连续点 　　　　　D. 第二类间断点

5. 函数 $f(x)=\dfrac{\sin x}{x}+\dfrac{\mathrm{e}^{\frac{1}{2x}}}{1-x}$ 的间断点的个数应为（　　）.

　　A. 0 　　　　　B. 1 　　　　　C. 2 　　　　　D. 3

三、求下列极限（每小题 5 分，共 35 分）

1. $\lim\limits_{n \to \infty}\left(\sqrt{n^2+n}-n\right)$；　　　　　　2. $\lim\limits_{x \to 1}\dfrac{x^n-1}{x-1}$；

3. $\lim\limits_{x\to 1}\left(\dfrac{3}{1-x^3}-\dfrac{1}{1-x}\right)$;

4. $\lim\limits_{x\to\infty}\left(\dfrac{x-1}{x+1}\right)^x$;

5. $\lim\limits_{x\to 0}\dfrac{\sqrt{1+x\sin x}-1}{1-\cos x}$;

6. $\lim\limits_{x\to 0}\dfrac{\sqrt{1+\tan x}-\sqrt{1+\sin x}}{\sin^3 x}$;

7. $\lim\limits_{n\to\infty}\dfrac{a^n}{a^n+1}(a\neq -1)$.

四、解答题（每小题9分，共18分）

1. 已知 $\lim\limits_{x \to 1} \dfrac{x^2 + ax + b}{1 - x} = 5$，求待定系数 a，b．

2. 求 $f(x) = \dfrac{(1 + x)\sin x}{|x|(x + 1)(x - 1)}$ 的间断点，并判断其类型．

五、证明题（1小题9分，2小题8分）

1. 证明：$\lim\limits_{n \to \infty} \left(\dfrac{1}{n^2 + n + 1} + \dfrac{2}{n^2 + n + 2} + \cdots + \dfrac{n}{n^2 + n + n} \right) = \dfrac{1}{2}$．

2. 设 $f(x)$ 在 $[a, b]$ 上连续，且 $a < f(x) < b$，证明：在 (a, b) 内至少有一点 ξ，使 $f(\xi) = \xi$.

思 考 题 二

1. 选择题.

（1）设函数 $f(x) = u(x) + v(x)$，$g(x) = u(x) - v(x)$，又 $\lim\limits_{x \to x_0} u(x)$ 与 $\lim\limits_{x \to x_0} v(x)$ 都不存在，则下列结论正确的是（　　）.

A. 若 $\lim\limits_{x \to x_0} f(x)$ 不存在，则 $\lim\limits_{x \to x_0} g(x)$ 必不存在

B. 若 $\lim\limits_{x \to x_0} f(x)$ 不存在，则 $\lim\limits_{x \to x_0} g(x)$ 必存在

C. 若 $\lim\limits_{x \to x_0} f(x)$ 存在，则 $\lim\limits_{x \to x_0} g(x)$ 必存在

D. 若 $\lim\limits_{x \to x_0} f(x)$ 存在，则 $\lim\limits_{x \to x_0} g(x)$ 必不存在

（2）下列命题中正确的命题有（　　）.

① 无界变量必为无穷大量　　　　　　② 有限多个无穷大量之和仍为无穷大量
③ 无穷大量必为无界变量　　　　　　④ 无穷大量与有界变量之积仍为无穷大量

A. 1 个　　　　　　B. 2 个　　　　　　C. 3 个　　　　　　D. 4 个

（3）设 $f(x) = \begin{cases} 1, & x \neq 0 \\ 0, & x = 0 \end{cases}$，$g(x) = \begin{cases} x\sin\dfrac{1}{x}, & x \neq 0 \\ 1, & x = 0 \end{cases}$，则 $x = 0$ 是间断点的函数是（　　）.

A. $f(x) + g(x)$　　　　　　　　　　B. $f(x) - g(x)$

C. $\max\{f(x), g(x)\}$　　　　　　　　D. $\min\{f(x), g(x)\}$

（4）若 $\lim\limits_{x \to x_0} \varphi(x) = u_0$ 且 $\lim\limits_{u \to u_0} f(u) = A$，则（　　）.

A. $\lim\limits_{x \to x_0} f[\varphi(x)]$ 存在　　　　　　B. $\lim\limits_{x \to x_0} f[\varphi(x)] = A$

C. $\lim\limits_{x \to x_0} f\left[\varphi(x)\right]$ 不存在　　　　　　　D. A、B、C 均不正确

2. 设 $f(x) + f\left(\dfrac{x-1}{x}\right) = 2x$，其中 $x \neq 0$，$x \neq 1$，求 $f(x)$.

3. 确定常数 a，b，使 $\lim\limits_{x \to \infty}\left(\sqrt[3]{1 - x^3} - ax - b\right) = 0.$

4. 当 $x \to 0^+$ 时，$\sqrt[3]{x^2 + \sqrt{x}}$ 是 x 的几阶无穷小?

5. 设函数 $f(x) = \dfrac{e^x - b}{(x - a)(x - 1)}$ 有无穷间断点 $x = 0$ 及可去间断点 $x = 1$，试确定常数 a 及 b．

6. 设 $\lim\limits_{x \to 0} \dfrac{\ln\left[1 + \dfrac{f(x)}{\sin 2x}\right]}{3^x - 1} = 5$，求 $\lim\limits_{x \to 0} \dfrac{f(x)}{x^2}$，$f(0)$．

7. 设对任意 x，都有 $|f(x)| \leqslant |F(x)|$，且 $F(x)$ 在 $x = 0$ 点处连续，$F(0) = 0$，证明：$f(x)$ 在 $x = 0$ 点处也连续．

8. 已知 $\lim\limits_{n\to\infty}\left[1+\dfrac{1}{2}+\dfrac{1}{3}+\cdots+\dfrac{1}{n}-\ln(n+1)\right]=a(0<a<+\infty)$ ，证明：

$$\lim_{n\to\infty}\dfrac{1+\dfrac{1}{2}+\dfrac{1}{3}+\cdots+\dfrac{1}{n}}{\ln n}=1.$$

9. 设 $u_n=\dfrac{1}{a+1}+\dfrac{1}{a^2+1}+\cdots+\dfrac{1}{a^n+1}$ （$a>1$，n 是正整数），证明：当 $n\to\infty$ 时，$\{u_n\}$ 的极限存在.

第 3 章 导数与微分

§3.1 导 数 概 念

1. 填空题：

(1) 已知 $f'(1) = 2$，则 $\lim\limits_{h \to 0} \dfrac{f(1-h) - f(1)}{h} =$ _____，$\lim\limits_{h \to 0} \dfrac{f(1+h) - f(1-h)}{h} =$

_____．

(2) 已知 $f(x)$ 在 $x = 0$ 处连续，且 $\lim\limits_{x \to 0} \dfrac{f(x)}{x} = 1$，则 $f(0) =$ _____，

$f'(0) =$ _____．

(3) 设 $f'(x_0) = -1$，则 $\lim\limits_{x \to 0} \dfrac{x}{f(x_0) - f(x_0 + x)} =$ _____．

(4) 抛物线 $y = x^2$ 上点 $x = 3$ 处的切线方程为_____．

(5) 设某工厂生产 x 单位产品所花费的成本是 $f(x)$ 元，则其边际成本为_____元．

2. 利用导数的定义求 $f(x) = \ln x$ 的导数 $f'(x)$ 及 $f'(e)$．

3. 求下列函数的导数：

(1) $y = \dfrac{1}{\sqrt[3]{x}}$；

(2) $y = \dfrac{x^2 \sqrt[3]{x^2}}{\sqrt{x^5}}$．

4. 设 $\varphi(x)$ 在 $x = a$ 处连续，$f(x) = (x^3 - a^3)\varphi(x)$，求 $f'(a)$.

5. 若函数 $f(x) = \begin{cases} x^2, & x \leq 1 \\ ax + b, & x > 1 \end{cases}$，为了使函数 $f(x)$ 处处可导，a，b 应取什么值？

6. 已知 $f(x) = \begin{cases} \sin x, & x < 0 \\ x, & x \geq 0 \end{cases}$，求 $f'(x)$.

7. 求曲线 $y = x^3 + 2x - 3$ 在点 $x = 1$ 处的切线方程和法线方程.

8. 设函数 $f(x) = \begin{cases} \dfrac{1}{(x-1)^\lambda}\cos\dfrac{1}{x-1}, & x > 1 \\ 0, & x \leq 1 \end{cases}$，$\lambda$ 为常数.

（1）若 $f(x)$ 在 $x = 1$ 处连续，求 λ 的范围；

（2）若 $f(x)$ 在 $x = 1$ 处可导，求 λ 的范围.

9. 证明：函数 $f(x) = \begin{cases} \dfrac{\sqrt{1+x}-1}{\sqrt{x}}, & x > 0 \\ 0, & x \leq 0 \end{cases}$ 在点 $x = 0$ 处连续，但不可导.

10. 证明：曲线 $xy = 1$ 上任一点处的切线与 x 轴和 y 轴构成的三角形面积为常数.

§3.2　求导法则和基本初等函数导数公式（Ⅰ）

1. 求下列函数的导数：

（1）$y = 3x^2 - x + 5$；

（2）$y = \tan x + \log_3 x + 2^x + e^3$；

（3）$y = x\ln x$；

（4）$y = x^2 e^x \sin x$；

（5）$y = x^2\ln x + e^x\sec x$；

（6）$y = \dfrac{x + 1}{x - 1}$；

（7）$y = \dfrac{\cot x}{x} + \ln 3$；

（8）$y = \dfrac{\arcsin x}{\arccos x}$.

2. 在曲线 $y = \dfrac{1}{1 + x^2}$ 上求一点，使通过该点的切线平行于 x 轴.

3. 设某产品的需求函数为 $P = 20 - \dfrac{Q}{5}$，P 为价格，Q 为销量.

（1）求收益 $R(Q)$ 对销量 Q 的变化率；

（2）当销量分别为 15 和 20 时，哪一点处收益变化得快？

4. 证明：$(\operatorname{arccot} x)' = -\dfrac{1}{1+x^2}$.

5. 设 $f(x)$ 可导，且 $f'(x)=\sin^2[\sin(x+1)]$，$f(0)=4$，求 $f(x)$ 的反函数当自变量取 4 时的导数值.

§3.2　求导法则和基本初等函数导数公式（Ⅱ）

1. 求下列函数的导数：

（1）$y=(x^2+1)^6$；

（2）$y=(2+3x^2)\sqrt{1+5x^2}$；

（3）$y=\dfrac{\sin 2x}{\cos 3x}$；

（4）$y=\ln\dfrac{1+\sqrt{x}}{1-\sqrt{x}}$；

(5) $y = \mathrm{e}^{\sin x} + \sin(\mathrm{e}^{\sin x})$;　　　　(6) $y = \mathrm{e}^x + x^\mathrm{e} + x^x + \mathrm{e}^\mathrm{e}$;

(7) $y = \ln(x + \sqrt{1 + x^2})$;　　　　(8) $y = \ln|x|$.

2. 利用对数求导法求导数：

(1) $y = x^{\ln x}$ ，求 y' ;

(2) $y = \sqrt{a^x \sqrt{(x + 1) \sqrt{\sin x}}}$ ，求 y' .

3. 在下列各题中，设 $f(u)$ 为可导函数，求 $\dfrac{\mathrm{d}y}{\mathrm{d}x}$:

（1） $y = f(\mathrm{e}^x + x^{\mathrm{e}})$;

（2） $y = f(\ln x)\,\mathrm{e}^{f(x)}$.

4. 设 $f(u)$ 为可导函数，且 $f(x+1) = \sin^5 x$ ，求 $f'(x+1)$ 和 $f'(x)$.

§3.2　求导法则和基本初等函数导数公式（Ⅲ）

1. 填空题.

（1）曲线 $\begin{cases} x = 1 + t^2 \\ y = t^3 \end{cases}$ 在 $t = 2$ 处的切线方程为_____ .

（2）设 $y = y(x)$ 是由方程 $x^3 + y^3 - 3xy = 0$ 确定的，则 $y' = $_____ .

（3）设 $f(x) = 2(x + 1)^5$ ，则 $f^{(5)}(x) = $_____ .

（4）设 $f(x) = e^{ax}$ ，则 $f^{(n)}(x) = $_____ .

（5）（研 2020）设 $f(x) = x^2 \ln(1 - x)$ ，当 $n \geqslant 3$ 时，则 $f^{(n)}(0) = $

_____ .

（6）设 $f(x) = \dfrac{1}{1 + 2x}$ ，则 $f^{(n)}(0) = $_____ .

2. 求下列隐函数的导数：

（1）$x^2 + y^2 - xy = 1$；　　　　　　（2）$e^{x^2} + \ln y = 0.$

3. 求下列参数方程所确定的函数 $y = y(x)$ 的导数：

（1）$\begin{cases} x = \sin t \\ y = \cos 2t \end{cases}$；　　　　　　（2）$\begin{cases} x = 3t^2 + 2t + 3 \\ e^y \sin t - y + 1 = 0 \end{cases}.$

4. 求下列函数的二阶导数：

（1）$y = \ln(1 + x^2)$；　　　　　　（2）$y = xe^{x^2}$；

（3）设 $y = y(x)$ 是由方程 $y = \tan(x + y)$ 确定的，求 $\dfrac{d^2 y}{dx^2}$；

（4）（研 2020）设 $y = y(x)$ 是由参数方程 $\begin{cases} x = \sqrt{t^2 + 1} \\ y = \ln(t + \sqrt{t^2 + 1}) \end{cases}$ 确定的，

求 $\dfrac{d^2 y}{dx^2}\bigg|_{t = 1}$.

5. 求下列函数的 n 阶导数 $\dfrac{\mathrm{d}^n y}{\mathrm{d} x^n}$：

（1）$y = x\mathrm{e}^x$；　　　　　　　　　（2）$y = \dfrac{x}{6x^2 + 5x + 1}$．

6. 设函数 $y = f(x)$ 的导数 $f'(x)$ 和二阶导数 $f''(x)$ 存在且均不为零，其
反函数为 $x = \varphi(y)$，求证：$\varphi''(y) = -\dfrac{f''(x)}{[f'(x)]^3}$．

7.（研 2014）曲线 L 的极坐标方程是 $r = \theta$，求在点 $(r, \theta) = \left(\dfrac{\pi}{2}, \dfrac{\pi}{2}\right)$ 处的切线的直角坐标方程．

§3.3　微　　分

1. 填空题.

（1）已知 $y = x^3 - x$，$x = 2$，$\Delta x = 0.1$，则 $\Delta y = $ _____，$\mathrm{d}y$
= _____.

（2）函数 $y = f(x)$ 在 x_0 处可微，则 $\lim\limits_{x \to x_0} \Delta y = $ _____.

（3）函数 $y = f(x)$ 在 x_0 处可微是 $y = f(x)$ 在 x_0 处可导的_____条件.

（4）设 $y = \mathrm{e}^{\sin 2x}$，则 $\mathrm{d}y = $ _____ $\mathrm{d}(\sin 2x) = $ _____ $\mathrm{d}(2x) = $
_____ $\mathrm{d}x$．

（5）设 $y = \cos x \cdot \ln x$ ，则 $\mathrm{d}y = \underline{\hspace{2cm}} \mathrm{d}(\cos x) + \underline{\hspace{2cm}} \mathrm{d}(\ln x)$.

2. 将适当的函数填入括号内，使等式成立：

（1）$\mathrm{d}(\quad\quad) = 2\mathrm{d}x$ ；

（2）$\mathrm{d}(\quad\quad) = 3x\mathrm{d}x$ ；

（3）$\mathrm{d}(\quad\quad) = \sin 2x\mathrm{d}x$ ；

（4）$\mathrm{d}(\quad\quad) = \mathrm{e}^{-2x}\mathrm{d}x$ ；

（5）$\mathrm{d}(\quad\quad) = \dfrac{1}{\sqrt{x}}\mathrm{d}x$ ；

（6）$\mathrm{d}(\quad\quad) = \dfrac{1}{1+x}\mathrm{d}x$.

3. 求下列函数的微分：

（1）$y = \dfrac{1}{x} + 2\sqrt{x}$ ；

（2）$y = x\sin 2x$ ；

（3）$y = \dfrac{x}{\sqrt{x^2 + 1}}$ ；

（4）$y = \arcsin\sqrt{1 - x^2}$ ；

（5）$\dfrac{x^2}{a^2} + \dfrac{y^2}{b^2} = 1$；

（6）$y = 1 + x\mathrm{e}^y$.

4. 计算 $\sqrt[3]{0.98}$ 的近似值.

自 测 题 三

一、填空题 （每小题 3 分，共 15 分）

1. 设 $f(x)$ 在点 $x = x_0$ 可导，极限 $\lim\limits_{x \to 0} \dfrac{f(x_0 - x) - f(x_0 + x)}{x} =$ ＿＿＿＿＿＿＿＿＿.

2. 直线 l 与 x 轴平行，且与曲线 $y = x^3 - 3x$ 相切，则切点的坐标是＿＿＿＿＿＿＿.

3. 设 $y = x^x$，则 $\mathrm{d}y =$ ＿＿＿＿＿＿＿＿＿＿＿.

4. 设 $\begin{cases} x = at + b \\ y = \dfrac{a}{2}t^2 + bt \end{cases}$，则 $\dfrac{\mathrm{d}y}{\mathrm{d}x} =$ ＿＿＿＿＿＿＿.

5. 设 $f(x) = \sin^2 x$，$f''(0) =$ ＿＿＿＿＿＿＿＿＿.

二、选择题 （每小题 3 分，共 15 分）

1. 设函数 $f(x)$ 在 $x = 0$ 处可导且 $f(0) = 0$，则 $\lim\limits_{x \to 0} \dfrac{f(x)}{x} = ($ 　　 $)$.

    A. 0　　　　　　　　B. 1　　　　　　　　C. $f'(0)$　　　　　　　　D. 不存在

2. 设函数 $f(x) = \begin{cases} \ln x, & x \geq 1 \\ x - 1, & x < 1 \end{cases}$，则 $f(x)$ 在 $x = 1$ 处 $($ 　　 $)$.

    A. 不连续　　　　　　　　　　　　　　B. 连续但不可导

    C. 连续且 $f'(1) = -1$　　　　　　　　D. 连续且 $f'(1) = 1$

3. 设由方程 $xy^2 = 2$ 所确定的隐函数为 $y = y(x)$，则 $\dfrac{\mathrm{d}y}{\mathrm{d}x} = ($ 　　 $)$.

    A. $-\dfrac{y}{2x}$　　　　　　B. $\dfrac{y}{2x}$　　　　　　C. $-\dfrac{y}{x}$　　　　　　D. $\dfrac{y}{x}$

4. 设由方程 $\begin{cases} x = \ln\sqrt{1 + t^2} \\ y = \arctan t \end{cases}$ 所确定的函数为 $y = y(x)$，则 $\dfrac{\mathrm{d}y}{\mathrm{d}x} = ($ 　　 $)$.

A. $\dfrac{\sqrt{1+t^2}}{2t}$　　　B. $\dfrac{1}{t}$　　　C. $\dfrac{1}{2t}$　　　　D. t

5. 设 $f(u)$ 可导且 $y = f(e^x)$，则有（　　）.

　　A. $\mathrm{d}y = f'(e^x)\,\mathrm{d}x$　　　　　　　　B. $\mathrm{d}y = [f(e^x)]'\mathrm{d}e^x$

　　C. $\mathrm{d}y = f'(e^x)\,\mathrm{d}e^x$　　　　　　　D. $\mathrm{d}y = [f(e^x)]'e^x\mathrm{d}x$

三、计算下列各题（每小题 7 分，共 42 分）

1. $y = \ln(e^x + \sqrt{1+e^{2x}})$，求 y'；

2. $y = \ln\sqrt{\dfrac{1-x}{1+x^2}}$，求 y'；

3. 设 $y = \left(\dfrac{x}{1+x}\right)^x$，求 y'；

4. 设函数 $y = y(x)$ 由方程 $e^y + xy = e$ 确定，求 $y''(0)$；

5. 设函数 $y = y(x)$ 由参数方程 $\begin{cases} x = \ln\sqrt{1 + t^2} \\ y = \arctan t \end{cases}$ 确定，求 $\dfrac{\mathrm{d}^2 y}{\mathrm{d}x^2}$；

6. 设 $f(x)$ 有任意阶导数，且 $f'(x) = f^2(x)$，求 $f^{(n)}(x)$.

四、（本题 8 分）设 $g'(x)$ 连续，且 $f(x) = (x-a)^2 g(x)$，求 $f''(a)$.

五、（本题 10 分）设曲线 $y = f(x)$ 与 $y = \sin x$ 在原点相切，求 $\lim\limits_{n \to \infty} \sqrt{nf\left(\dfrac{2}{n}\right)}$.

六、（本题 10 分）已知 $f(x)$ 是周期为 5 的连续函数，它在 $x = 0$ 的某个邻域内满足关系式 $f(1 + \sin x) - 3f(1 - \sin x) = 8x + o(x)$，且 $f(x)$ 在 $x = 1$ 处可导，求曲线 $y = f(x)$ 在 $(6, f(6))$ 处的切线方程．

思 考 题 三

1. 选择题：

（1）设周期为 4 的周期函数 $f(x)$ 在 $(-\infty, +\infty)$ 内可导，又 $\lim\limits_{x \to 0} \dfrac{f(1) - f(1 - x)}{x} = -1$，则曲线 $y = f(x)$ 在点 $(5, f(5))$ 处的切线斜率为（　　）．

A. $\dfrac{1}{2}$ 　　　　　　B. 0 　　　　　　C. -1 　　　　　　D. -2

（2）设 $f(x)$ 在 $(-\infty, +\infty)$ 内为奇函数，且在 $(0, +\infty)$ 内有 $f'(x) > 0$，$f''(x) > 0$，则在 $(-\infty, 0)$ 内有（　　）．

A. $f'(x) < 0$ 且 $f''(x) < 0$ 　　　　　B. $f'(x) < 0$ 且 $f''(x) > 0$

C. $f'(x) > 0$ 且 $f''(x) < 0$ 　　　　　D. $f'(x) > 0$ 且 $f''(x) > 0$

（3）设函数 $f(x)$ 在点 $x = a$ 处可导，则函数 $|f(x)|$ 在点 $x = a$ 处不可导的充分条件是（　　）．

A. $f(a) = 0$ 且 $f'(a) = 0$ 　　　　　B. $f(a) = 0$ 且 $f'(a) \neq 0$

C. $f(a) > 0$ 且 $f'(a) > 0$ 　　　　　D. $f(a) < 0$ 且 $f'(a) < 0$

（4）设函数 $f(x)$ 对任意 x 均满足等式 $f(x + 1) = af(x)$，且有 $f'(0) = b$，其中 a, b 均为非零常数，则（　　）．

A. $f(x)$ 在 $x = 1$ 处不可导 　　　　　B. $f(x)$ 在 $x = 1$ 处可导且 $f'(1) = a$

C. $f(x)$ 在 $x = 1$ 处可导且 $f'(1) = b$ 　　D. $f(x)$ 在 $x = 1$ 处可导且 $f'(1) = ab$

2. 设 $f(x)$ 在 $x = a$ 可微，$f(a) \neq 0$，求极限 $\lim\limits_{n \to \infty} \left[\dfrac{f\left(a + \dfrac{1}{n}\right)}{f(a)} \right]^n$.

3. 已知 $f(x) = \begin{cases} \dfrac{g(x) - \cos x}{x}, & x \neq 0 \\ a, & x = 0 \end{cases}$，其中 $g(x)$ 有二阶连续导数，且 $g(0) = 1.$

（1）确定 a 的值，使 $f(x)$ 在点 $x = 0$ 处连续；

（2）求 $f'(x)$.

4. 设 $f(x) = (x^2 - 3x + 2)^n \cos \dfrac{\pi x^2}{16}$，求 $f^{(n)}(2)$.

5. 设 $y = \dfrac{1}{\sqrt{1-x^2}}\arcsin x$，求 $y^{(n)}(0)$.

6. 设 $y = y(x)$ 由方程 $xf(e^y) = e^y$ 确定，其中 f 具有二阶导数且 $f' \neq 1$，求 y''.

7. 设函数 $f(x) = \begin{cases} \dfrac{1}{2}x^2 + x + 1, & x \leqslant 0 \\ e^x + x^3\sin x, & x > 0 \end{cases}$，$g(x) = x + x^2$，$\varphi(x) = f(x)g(x)$，求 $\varphi''(0)$.

8. 设 $f(x) = \lim\limits_{n\to\infty} \dfrac{x^2 e^{n(x-1)} + ax + b}{1 + e^{n(x-1)}}$ 可导，求 a，b，并计算 $f'(x)$.

9. 设 $f(x)$ 对于任意实数 x_1，x_2 有 $f(x_1 + x_2) = f(x_1)f(x_2)$，且 $f'(0) = 1$，试证：$f'(x) = f(x)$.

第4章　中值定理与导数应用

§4.1　中 值 定 理

1. 填空题：

（1）在 $[2, 3]$ 上函数 $y = x^2 - 5x + 6$ 满足罗尔定理的全部条件，则使定理结论成立的 $\xi = \underline{\hspace{3cm}}$.

（2）在 $[0, 1]$ 上，函数 $f(x) = x^3 + 2x$ 满足拉格朗日中值定理的中值 $\xi = \underline{\hspace{2.5cm}}$.

（3）在 $[1, 2]$ 上，函数 $f(x) = x$ 及 $F(x) = x^3$ 满足柯西中值定理的中值 $\xi = \underline{\hspace{2cm}}$.

（4）若 $f(x) = |x|$ ，则在 $(-1, 1)$ 内，$f'(x)$ 恒不为零，$f(x)$ 在 $[-1, 1]$ 内不满足罗尔定理的一个条件是 $\underline{\hspace{3.5cm}}$.

2. 不求出函数 $f(x) = x(x-3)(x-5)$ 的导数，说明方程 $f'(x) = 0$ 有几个实根，并指出它们所在的区间 .

3. 证明下列等式或不等式：

（1）在 $[-1, 1]$ 上，$\arcsin x + \arccos x = \dfrac{\pi}{2}$ 恒成立；

(2) $\left| \sin x_2 - \sin x_1 \right| \leqslant \left| x_2 - x_1 \right|$;

(3) 当 $0 < b < a$ 时, $\dfrac{a-b}{a} < \ln \dfrac{a}{b} < \dfrac{a-b}{b}$;

(4) $e^x > ex \, (x > 1)$.

4. 求证: $4ax^3 + 3bx^2 + 2cx = a + b + c$ 在 $(0, 1)$ 内至少有一个根.

5. 若函数 $f(x)$ 在 (a, b) 内具有二阶导数，且 $f(x_1) = f(x_2) = f(x_3)$ ，其中 $a < x_1 < x_2 < x_3 < b$ ，证明：在 (a, b) 中至少存在一点 ξ ，使得 $f''(\xi) = 0$.

§4.2 导数的应用

1. 填空题：

（研 2019）当 $x \to 0$ 时，若 $x - \tan x$ 与 x^k 是同阶无穷小，则 $k =$ _____ .

2. 求下列极限：

（1）$\lim\limits_{x \to 0} \dfrac{2^x + 2^{-x} - 2}{x^2}$ ；

（2）$\lim\limits_{x \to 0} \dfrac{x - \tan x}{x^3}$ ；

（3）$\lim\limits_{x \to \frac{\pi}{2}^+} \dfrac{\ln\left(x - \dfrac{\pi}{2}\right)}{\tan x}$ ；

（4）$\lim\limits_{x \to +\infty} \dfrac{\ln\left(1 + \dfrac{1}{x}\right)}{\operatorname{arccot} x}$ ；

(5) $\lim\limits_{x\to+\infty}\dfrac{\ln\ln x}{x}$;

(6) $\lim\limits_{x\to+\infty}\dfrac{\mathrm{e}^{x}+\mathrm{e}^{-x}}{\mathrm{e}^{x}-\mathrm{e}^{-x}}$;

(7) $\lim\limits_{x\to1}\left(\dfrac{2}{x^{2}-1}-\dfrac{1}{x-1}\right)$;

(8) $\lim\limits_{x\to0}\left(\dfrac{1}{x}-\dfrac{1}{\mathrm{e}^{x}-1}\right)$;

(9) $\lim\limits_{x\to0}\dfrac{1}{x^{100}}\mathrm{e}^{-\frac{1}{x^{2}}}$;

(10) $\lim\limits_{x\to1}(x-1)\tan\dfrac{\pi x}{2}$;

(11) $\lim\limits_{x\to0}x\cot 2x$;

(12) $\lim\limits_{x\to0^{+}}\left(\dfrac{1}{x}\right)^{\tan x}$;

（13）$\lim\limits_{x\to+\infty}\left(\dfrac{2}{\pi}\arctan x\right)^x$ ；　　　　　（14）$\lim\limits_{x\to0}(1+\sin x)^{\frac{1}{x}}$ ．

3. 求下列函数的单调区间：

（1）$y=x^3(1-x)$ ；　　　　　　　（2）$y=\ln(x+\sqrt{1+x^2})$ ．

4. 证明下列不等式：

（1）当 $x>0$ 时，$1+\dfrac{1}{2}x>\sqrt{1+x}$ ；

（2）当 $0<x<\dfrac{\pi}{2}$ 时，$\tan x>x+\dfrac{1}{3}x^3$ ．

5. 求下列函数的极值:

(1) $y = x + \sqrt{1-x}$;　　　　　　　(2) $y = x^{\frac{1}{x}}$.

§4.3 泰 勒 公 式

1. 写出 $f(x) = x^4 + 3x^2 + 4$ 在 $x = 1$ 处的泰勒展开式 .

2. 求函数 $y = xe^x$ 带有佩亚诺型余项的 n 阶麦克劳林公式 .

3. 应用三阶泰勒公式估计 $\sqrt[3]{30}$,并估计误差 .

4. 设函数 $f(x)$，$g(x)$ 二阶可导，当 $x > 0$ 时，$f''(x) > g''(x)$ 且 $f(0) = g(0)$，$f'(0) = g'(0)$，求证：当 $x > 0$ 时，$f(x) > g(x)$.

5. 利用泰勒公式求极限：

$(1)\ \lim\limits_{x \to 0} \dfrac{\cos x - \mathrm{e}^{-\frac{x^2}{2}}}{x^2[x + ln(1 - x)]}$；

$(2)\ \lim\limits_{x \to \infty}\left[x - x^2 ln\left(1 + \dfrac{1}{x}\right) \right]$.

§4.4　函数的最大值和最小值

1. 求下列函数的最大值和最小值：

$(1)\ y = x^4 + 2x^2 + 5\ (-2 \leqslant x \leqslant 2)$；

$(2)\ y = x + 2\cos x\left(0 \leqslant x \leqslant \dfrac{\pi}{2}\right)$.

2. 设函数 $f(x) = ax^3 - 6ax^2 + b$ 在区间 $[-1, 2]$ 上的最大值为 3，最小值为 -29，且 $a > 0$，求 a, b 的值.

3. 证明：周长一定的矩形中，以正方形的面积最大.

4. 从一块半径为 R 的圆铁片上挖去一个扇形做成漏斗，问剩下的扇形的中心角 φ 取多大时，挖去的那一块做成的漏斗容积最大？

§4.5　函数的凹凸性与拐点

1. 求下列函数的凹凸区间及拐点：

（1）$y = x^2 - x^3$；

（2）$y = x\mathrm{e}^x$；

（3）$y = \ln(x^2 + 1)$；

（4）$y = x^4(12\ln x - 7)$.

2. 如果（1，3）是曲线 $y = ax^3 + bx^2$ 的拐点，求 a，b 的值.

3. 试确定曲线 $y = ax^3 + bx^2 + cx + d$ 中的 a、b、c、d，使得 $x = -2$ 处曲线有水平切线，$(1, -10)$ 为拐点，且点 $(-2, 44)$ 在曲线上.

§4.6　函数图形的描绘

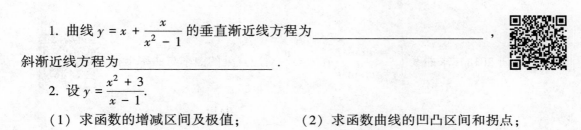

1. 曲线 $y = x + \dfrac{x}{x^2 - 1}$ 的垂直渐近线方程为 _____，斜渐近线方程为 _____.

2. 设 $y = \dfrac{x^2 + 3}{x - 1}$.

（1）求函数的增减区间及极值；　　　　（2）求函数曲线的凹凸区间和拐点；

（3）求函数的渐近线；　　　　（4）作出其图形.

§4.7　曲　　率

1. 填空题.

（1）曲线 $(x - a)^2 + (y - b)^2 = R^2$ 上任一点处的曲率为 _____，直线 $y = kx + b$ 上任一点处的曲率为 _____.

（2）$y = \dfrac{2}{3}x^{\frac{3}{2}}$ 的弧微分 $\mathrm{d}s = $ _____．

（3）$y = 4x - x^2$ 曲线在其顶点处曲率为_____，曲率半径为_____．

2．对数曲线 $y = \ln x$ 上哪一点处的曲率最大？并求曲率．

3．（研 2018）求曲线 $\begin{cases} x = a\cos^3 t \\ y = a\sin^3 t \end{cases}$ 在 $t = \dfrac{\pi}{4}$ 对应点处的曲率与曲率半径．

4．求常数 a、b、c，使 $y = ax^2 + bx + c$ 在 $x = 0$ 处与曲线 $y = \mathrm{e}^x$ 相切，且有相同的凹向与曲率．

第 5 章　导数在经济学中的应用

§5.1　导数在经济分析中的应用

1. 填空题：

（1）已知某商品的成本函数为 $C(Q) = 2Q + 30\sqrt{Q} + 500$，则当产量 $Q = 100$ 时的边际成本为 _____．

（2）设某商品的需求函数为 $Q = Q(P) = 75 - P^2$，则 $P = 4$ 时的边际需求为 _____．

（3）已知某商品的需求函数为 $Q = \mathrm{e}^{-\frac{P}{10}}$，则 $P = 15$ 时的需求价格弹性为 _____，说明价格上涨 1% 时，需求量减少 _____．

（4）设某商品的需求价格弹性函数为 $\dfrac{EQ}{EP} = \dfrac{P}{17 - 2P}$，在 $P = 5$ 时，若价格上涨 1%，总收益 _____．（增加、减少、不变）

2. 求下列函数的边际函数与弹性函数：

（1）$y = x^2 \cdot \mathrm{e}^{-x}$；

（2）$y = \dfrac{\mathrm{e}^x}{x}$．

3. 假设某产品的总成本函数为 $C(x) = 400 + 3x + \dfrac{x^2}{2}$，而需求函数为 $P = \dfrac{100}{\sqrt{x}}$，其中 x 为产量（假定等于需求量），P 为价格，试求：（1）边际成本；（2）边际收益；（3）边际利润；（4）收益的价格弹性.

4. 设某产品的需求量 D 关于价格 P 的函数为 $D = e^{-\frac{P}{4}}$，求 $P = 3$，$P = 4$，$P = 5$ 时的需求价格弹性，并说明其经济意义.

5. 设 $f_1(x)$ 对 x 的弹性为 $E_{f_1 x}$，$f_2(x)$ 对 x 的弹性为 $E_{f_2 x}$，证明：$y = \dfrac{f_1(x)}{f_2(x)}$ 在 x 处的弹性为 $E_{yx} = E_{f_1 x} - E_{f_2 x}$.

6. 设需求量 D 关于价格 P 的函数为 $D = a \cdot e^{-bP}$，求：

（1）总收益函数、平均收益函数和边际收益函数；

（2）需求价格弹性函数.

7. 某商品的需求量 Q 关于价格 P 的函数为 $Q = 75 - P^2$，求：

（1）$P = 4$ 时的边际需求，并说明其经济意义；

（2）$P = 4$ 时的需求弹性，并说明其经济意义；

（3）当 $P = 4$ 时，若价格提高 1%，总收益将变化百分之几？是增加还是减少？

§5.2   函数的极值在经济管理中的应用举例

1. 生产某种商品 x 单位的利润为 $L(x) = 5000 + x - 0.00001x^2$ （元），那么生产多少个单位时利润最大？

2. 某厂生产的产品，日总成本为 C 元，其中固定成本为 200 元，每生产一单位产品，成本增加 10 元，该产品的需求函数为 $D = 50 - 2P$. 那么 D 为多少时，工厂的日总利润最大？

3. 某商品若定价 5 元，可卖出 1000 件. 若每件降低 0.01 元，可多卖 10 件. 假定需求量 D 是价格 P 的线性函数，那么每件售价多少时，可获得最大收益？最大收益是多少？

4. 设生产某产品的固定成本为 60000 元，可变成本为 20 元/件，价格函数为 $P = 60 -$
$\dfrac{Q}{1000}$（P 是单价，单位：元；Q 是销量，单位：件）. 已知产销平衡，求：

（1）该商品的边际利润；

（2）当 $P = 50$ 时的边际利润，并解释其经济意义；

（3）使得利润最大的定价 P.

5. 某企业每月要使用某种零件 2400 件，每件成本为 150 元，每年库存费为成本的
6%，每次订货费为 100 元. 试求每批订货量为多少时，使每月的库存费与订货费之和最
小（假设零件是均匀使用的）.

.

6. 设酒商有一定量的酒，若现时（$t = 0$）出售，售价为 A 元. 若储藏一定
时期（不计储藏费用），可高价出售. 已知酒的未来售价 y 是时间 t（以年为单
位）的函数 $y = Ae^{\sqrt{t}}$，又资金的年贴现率为常数 r，按连续贴现计算，为使收
益的现在值最大，酒应在何时出售？

自测题四 & 五

一、选择题 （每小题 3 分，共 15 分）

1. 若 $\lim\limits_{x \to 0}\left[\dfrac{1}{x} - \left(\dfrac{1}{x} - a\right)e^x\right] = 1$，则 a 等于 （　　）.

    A. 0   B. 1   C. 2   D. 3

2. 下列求极限问题，不能使用洛必达法则的是 （　　）.

    A. $\lim\limits_{x \to \infty}\dfrac{x - \sin x}{x + \sin x}$ B. $\lim\limits_{x \to 0}\dfrac{\sin 2x}{x}$

    C. $\lim\limits_{x \to 1}\dfrac{\ln x}{x - 1}$ D. $\lim\limits_{x \to 0}\dfrac{x(e^x - 1)}{\cos x - 1}$

3. 设 $f'''(x_0)$ 存在，且 $f'''(x_0) \neq 0$，$f''(x_0) = 0$，则有 （　　）.

    A. x_0 为 $f(x)$ 的驻点   B. x_0 为 $f(x)$ 的极值点

    C. $(x_0, f(x_0))$ 是曲线 $y = f(x)$ 的拐点   D. 以上结论均不对

4. 设函数 $f(x)$ 具有 2 阶导数，$g(x) = f(0)(1 - x) + f(1)x$，则在区间 $[0, 1]$ 内，（　　）.

    A. 当 $f'(x) \geqslant 0$ 时，$f(x) \geqslant g(x)$

    B. 当 $f'(x) \geqslant 0$ 时，$f(x) \leqslant g(x)$

    C. 当 $f''(x) \geqslant 0$ 时，$f(x) \geqslant g(x)$

    D. 当 $f''(x) \geqslant 0$ 时，$f(x) \leqslant g(x)$

5. （研 2014）曲线 $\begin{cases} x = t^2 + 7 \\ y = t^2 + 4t + 1 \end{cases}$ 上对应于 $t = 1$ 点处的曲率半径是 （　　）.

    A. $\dfrac{\sqrt{10}}{50}$ B. $\dfrac{\sqrt{10}}{100}$ C. $10\sqrt{10}$ D. $5\sqrt{10}$

二、填空题 （每小题 3 分，共 15 分）

1. $\lim\limits_{x \to 0}\dfrac{2x - \sin 2x}{\sin^3 x} = $ ＿＿＿＿＿＿＿＿＿＿.

2. 函数 $y = x^3 - 3x^2$ 在＿＿＿＿＿＿＿＿＿＿上单调减小.

3. 曲线 $y = xe^{-3x}$ 的拐点坐标是＿＿＿＿＿＿＿＿＿＿.

4. 曲线 $y = e^x - 6x + x^2$ 在区间＿＿＿＿＿＿＿＿＿＿是凹的.

5. 函数 $f(x) = 4 + 8x^3 - 3x^4$ 的极大值是＿＿＿＿＿＿＿＿＿＿.

三、求下列极限 （每小题 7 分，共 14 分）

1. $\lim\limits_{x \to 1}\dfrac{x - 1 - x\ln x}{(x - 1)\ln x}$；

2. $\lim\limits_{x \to 0} \dfrac{\sqrt{1 + 2\sin x} - x - 1}{x\ln(1 + x)}$.

四、(本题 8 分) 证明下列不等式：当 $x \in (0, 1)$ 时, $(1 + x)\ln^2(1 + x) < x^2$.

五、(本题 8 分) 求函数 $y = x - \ln x^2$ 的单调区间和极值.

六、（本题 8 分）求曲线 $y = 2x^4 - 6x^2$ 的凹凸区间和拐点.

七、（本题 7 分）求函数 $y = 2 - (x - 1)^{\frac{2}{3}}$ 在 $[0, 2]$ 上的最大值、最小值.

八、（本题 7 分）设 a，b，c 为实数，求证：方程 $e^x = ax^2 + bx + c$ 的根不超过 3 个.

九、（本题 10 分）设 $f(x)$ 在闭区间 $[a, b]$ 上具有二阶导数，且 $f(a) = f(b) = 0$，$f'(a)f'(b) > 0$，试证明：

(1) 至少存在一点 $\xi \in (a, b)$，使得 $f(\xi) = 0$；

(2) 至少存在一点 $\eta \in (a, b)$，使得 $f''(\eta) = 0$.

十、（本题 8 分）为了实现利润最大化，厂商需要对某商品确定其定价模型，设 Q 为该商品的需求量，p 为价格，MC 为边际成本，η 为需求弹性（$\eta>0$）.

（1）证明：定价模型为 $p = \dfrac{MC}{1 - \dfrac{1}{\eta}}$；

（2）若该商品的成本函数为 $C(Q) = 1600 + Q^2$，需求函数为 $Q = 40 - p$，试由（1）中的定价模型确定此商品的价格.

思考题四 & 五

1. 选择题：

（1）设函数 $f(x)$ 在（$-\infty$，$+\infty$）内连续，其导函数的图形如下图所示，则 $f(x)$ 有（　　）.

    A. 一个极小值点和两个极大值点　　　B. 两个极小值点和一个极大值点

    C. 两个极小值点和两个极大值点　　　D. 三个极小值点和一个极大值点

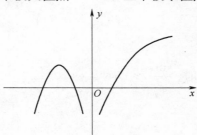

（2）设函数 $f(x)$ 在 $[0, a]$ 上二次可微，且 $xf''(x) - f'(x) > 0$，则 $\dfrac{f(x)}{x}$ 在区间 $(0, a)$ 内（　　）.

    A. 增大　　　　　B. 不减小　　　　　C. 单调增大　　　　　D. 单调减小

（3）设 $f(x)$ 在 $x = x_0$ 及其邻域内四阶可导，$f'(x_0) = f''(x_0) = f'''(x_0) = 0$，且 $f^{(4)}(x_0) > 0$，则 $f(x)$ 在 x_0 处有（　　）.

    A. 极大值　　　　　B. 极小值　　　　　C. 拐点　　　　　D. 既非极值又非拐点

（4）曲线 $y = \dfrac{x^2 + x}{x^2 - 1}$ 渐近线的条数为（　　）条.

　A. 0　　　　　　　B. 1　　　　　　　C. 2　　　　　　　　D. 3

（5）设 $f(x) = \ln^{10}x$，$g(x) = x$，$h(x) = e^{\frac{x}{10}}$，则当 x 充分大时有 （　　）.

　A. $g(x) < h(x) < f(x)$　　　　　　B. $h(x) < g(x) < f(x)$

　C. $f(x) < g(x) < h(x)$　　　　　　D. $g(x) < f(x) < h(x)$

2. 证明：$4\arctan x - x + \dfrac{4\pi}{3} - \sqrt{3} = 0$ 恰有 2 个实根.

3. 设 $0 < a < b$，证明：$\dfrac{2a}{a^2 + b^2} < \dfrac{\ln b - \ln a}{b - a} < \dfrac{1}{\sqrt{ab}}$.

4. 证明：当 $0 < x < \pi$ 时，$\dfrac{\sin x}{x} > \cos x$.

5. 设函数 $f(x)$ 在 $[0, 1]$ 上连续，在 $(0, 1)$ 内可导．试证：至少存在一点 $\xi \in (0, 1)$，使 $f'(\xi) = 2\xi[f(1) - f(0)]$．

6. 设 $f(x)$ 在 $[a, b]$ 上连续，在 (a, b) 内可导，又 $b > a > 0$，求证：存在 $\xi, \eta \in (a, b)$，使得 $f'(\xi) = \eta \cdot f'(\eta) \dfrac{\ln \dfrac{b}{a}}{b - a}$．

7. 求 $\lim\limits_{x \to 0} \dfrac{\tan(\tan x) - \sin(\sin x)}{\tan x - \sin x}$．

8.（研 2019）已知函数 $f(x) = \begin{cases} x^{2x}, & x > 0 \\ xe^x + 1, & x \leqslant 0 \end{cases}$，求 $f'(x)$，并求函数 $f(x)$ 的极值.

9. 设 $f(x)$ 有三阶导数，且 $\lim\limits_{x \to 0} \dfrac{f(x)}{x^2} = 0$，$f(1) = 0$，证明：在 $(0, 1)$ 内存在一点 ξ，使 $f'''(\xi) = 0$.

10. 某商品的需求量 Q 与价格 P 的函数关系为 $Q = 100 - 5P$，其中 $P \in (0, 20)$.

（1）求需求量对价格的弹性 E_P（$E_P > 0$）；

（2）推导 $\dfrac{\mathrm{d}R}{\mathrm{d}P} = Q(1 - E_P)$（其中 R 为收益），并用弹性 E_P 说明价格在何范围内变化时，降价反而使收益增加？

11. 假设某种商品的需求量 Q 是单价 P（元）的函数 $Q = 12000 - 80P$，商品的总成本 C 是需求量 Q 的函数 $C = 25000 + 50Q$，每单位商品需交税 2 元，试求使销售利润最大的商品单价和最大利润额.

12. 设某种商品的单价为 P 时，售出的商品数量 Q 可以表示为 $Q = \dfrac{a}{P + b} - c$，其中 a，b，c 均为正数，且 $a > bc$.

（1）求 P 在何范围内变化时，将使相应销售额增加或减少？

（2）要使销售额最大，P 应取何值？最大销售额是多少？

第6章 不定积分

§6.1 不定积分的概念和性质

1. 填空题：

（1）设 $f(x)$ 是连续函数，则 $\mathrm{d}\int f(x)\mathrm{d}x =$ _____，$\int \mathrm{d}f(x) =$ _____，$\dfrac{\mathrm{d}}{\mathrm{d}x}\int f(x)\mathrm{d}x =$ _____，$\int f'(x)\mathrm{d}x =$ _____ ［其中 $f'(x)$ 存在］.

（2）设 $F_1(x)$，$F_2(x)$ 是 $f(x)$ 两个不同的原函数，且 $f(x) \neq 0$，则有 $F_1(x) - F_2(x) =$ _____.

（3）通过点 $\left(\dfrac{\pi}{6},\ 1\right)$ 的积分曲线 $y = \int \cos x\,\mathrm{d}x$ 的方程为 _____.

（4）（研 2014）设 $f(x)$ 为周期为 4 的可导奇函数，且 $f'(x) = 2(x-1)$，$x \in [0,\ 2]$，则 $f(7) =$ _____.

2. 计算题：

（1）$\displaystyle\int \left(x + \dfrac{1}{x} - \sqrt{x} + \dfrac{3}{x^3}\right)\mathrm{d}x$；

（2）$\displaystyle\int \dfrac{(1-x)^2}{\sqrt{x}}\mathrm{d}x$；

（3）$\displaystyle\int 3^x \mathrm{e}^x \mathrm{d}x$；

（4）$\displaystyle\int \cos^2 \dfrac{x}{2}\mathrm{d}x$；

（5）$\int \dfrac{2 - \sqrt{1 - x^2}}{\sqrt{1 - x^2}}\mathrm{d}x$；

（6）$\int \sec x(\sec x - \tan x)\mathrm{d}x$；

（7）$\int \dfrac{1 + 2x^2}{x^4(1 + x^2)}\mathrm{d}x$；

（8）$\int \dfrac{1}{\sin^2 x \cos^2 x}\mathrm{d}x$．

3. 设曲线通过点 $(1，2)$ ，且其上任一点处的切线斜率等于这点横坐标的 2 倍，求此曲线的方程.

4. 设某工厂生产某产品的总成本 y 的变化率是产量 x 的函数 $y' = 9 + \dfrac{20}{\sqrt[3]{x}}$ ，已知固定成本为 100 元，求总成本 y 与产量 x 的函数关系.

5. 一质点由静止开始运动, t s 末的速度是 $3t^2$ （m/s）. 问：

（1） 在 4 s 末质点与出发点之间的路程是多少？

（2） 质点走完 8000 m 需要多长时间？

6. 确定常数 A、B 使下式成立：$\displaystyle\int \frac{\mathrm{d}x}{(a + b\cos x)^2} = \frac{A\sin x}{a + b\cos x} + B\int \frac{\mathrm{d}x}{a + b\cos x}$.

§6.2　换元积分法

1. 填空题：

（1） $x\mathrm{e}^{-2x^2}\mathrm{d}x = \mathrm{d}$ ＿＿＿＿ ；

（2） $\dfrac{1}{1 + 4x^2}\mathrm{d}x = $ ＿＿＿＿ $\mathrm{d}(\arctan 2x)$ ；

（3） $F'(x) = f(x)$ ， 则 $\displaystyle\int f(ax + b)\mathrm{d}x = $ ＿＿＿＿ （其中 $a \neq 0$）.

2. 计算题：

（1） $\displaystyle\int \mathrm{e}^{4x}\mathrm{d}x$ ；　　　　　　　　（2） $\displaystyle\int \mathrm{e}^x \sin \mathrm{e}^x \mathrm{d}x$ ；

(3) $\int (x^2 - 3x + 1)^{50}(2x - 3)\,\mathrm{d}x$;

(4) $\int \dfrac{\mathrm{d}x}{\sqrt{x}\,(1 + x)}$;

(5) $\int \left(1 - \dfrac{1}{x^2}\right) \mathrm{e}^{x + \frac{1}{x}}\mathrm{d}x$;

(6) $\int \dfrac{1}{x\ln x\ln\ln x}\mathrm{d}x$;

(7) $\int \dfrac{x\tan\sqrt{1 + x^2}}{\sqrt{1 + x^2}}\mathrm{d}x$;

(8) $\int \dfrac{\sin x + \cos x}{(\sin x - \cos x)^2}\mathrm{d}x$;

(9) $\int \dfrac{\mathrm{d}x}{4x^2 + 4x + 5}$;

(10) $\int \dfrac{1}{\cos^2 x\sqrt{1 - \tan^2 x}}\mathrm{d}x$;

（11）$\int \dfrac{10^{2\arccos x}}{\sqrt{1-x^2}}\mathrm{d}x$;

（12）$\int \dfrac{x^2}{\sqrt{a^2-x^2}}\mathrm{d}x$ $(a\neq 0)$;

（13）$\int \dfrac{x^2}{\sqrt{2-x}}\mathrm{d}x$;

（14）$\int \dfrac{\mathrm{d}x}{1+\sqrt{2x}}$;

（15）$\int \dfrac{1}{\sqrt{(x^2+1)^3}}\mathrm{d}x$;

（16）$\int \dfrac{\sqrt{x^2-4}}{x}\mathrm{d}x$.

3. 用指定的变换计算 $\int \dfrac{\mathrm{d}x}{x\sqrt{x^2-1}}$ $(x>1)$：

（1）$x=\sec t$;

（2）$x = \dfrac{1}{t}$.

§6.3　分部积分法

1. 填空题：

（1）$\displaystyle\int \ln x\,\mathrm{d}x = $ ＿＿＿＿＿＿＿ .

（2）$\displaystyle\int x\mathrm{e}^x\,\mathrm{d}x = $ ＿＿＿＿＿＿ .

（3）已知 $f(x) = \dfrac{1}{x}\mathrm{e}^x$ ，则 $\displaystyle\int xf''(x)\,\mathrm{d}x = $ ＿＿＿＿＿＿ .

2. 求下列不定积分：

（1）$\displaystyle\int x^2 \ln x\,\mathrm{d}x$；

（2）$\displaystyle\int \sin x \ln \tan x\,\mathrm{d}x$；

（3）$\displaystyle\int \frac{x\arctan x}{\sqrt{1+x^2}}dx$；

（4）$\displaystyle\int \ln(x+\sqrt{1+x^2})\,dx$；

（5）$\displaystyle\int x^3 e^{-x^2}dx$；

（6）$\displaystyle\int x^2 \arctan x\,dx$.

3. 求 $I_n = \int \tan^n x \mathrm{d}x$（$n > 2$）的递推公式，并求出 $\int \tan^5 x \mathrm{d}x$.

§6.4　几种特殊类型函数的积分、实例

1. 求下列不定积分：

（1）$\int \dfrac{x^3}{1 + x^2} \mathrm{d}x$；

（2）$\int \dfrac{2x + 3}{x^2 + 3x - 10} \mathrm{d}x$；

(3) $\int \dfrac{3}{x^3 + 1}\mathrm{d}x$;

(4)（研 2019）$\int \dfrac{3x + 6}{(x - 1)^2(x^2 + x + 1)}\mathrm{d}x$;

(5) $\int \dfrac{\mathrm{d}x}{1 + \sin x + \cos x}$;

(6) $\int \dfrac{\mathrm{d}x}{5 - 3\cos x}$;

(7) $\int \dfrac{\mathrm{d}x}{\sin^3 x \cos x}$;

(8) $\int \dfrac{1}{1 + \sqrt[3]{x}} \mathrm{d}x$;

(9) $\int \dfrac{\arcsin \mathrm{e}^x}{\mathrm{e}^x} \mathrm{d}x$;

(10) $\int \dfrac{\mathrm{d}x}{\sqrt{(x-3)(x-2)^2}}$.

2. 设 $f(x) = \begin{cases} x + 1, & x \leq 1 \\ 2x, & x > 1 \end{cases}$，求 $\int f(x)\,\mathrm{d}x$.

自 测 题 六

一、选择题（每小题 3 分，共 15 分）

1. 若 $F'(x) = f(x)$，且 $G'(x) = f(x)$，则 $\int f(x)\,\mathrm{d}x = ($　　$)$.

　A. $F(x)$ 　　　　　　　　　　　　B. $G(x)$

　C. $G(x) + C$ 　　　　　　　　　D. $F(x) + G(x) + C$

2. 若 $\int f(x)\,\mathrm{d}x = x^2 + C$，则 $\int x f(1 - x^2)\,\mathrm{d}x = ($　　$)$.

　A. $-\dfrac{1}{2}(1 - x^2)^2 + C$ 　　　　　　B. $-2(1 - x^2)^2 + C$

　C. $\dfrac{1}{2}(1 - x^2)^2 + C$ 　　　　　　　D. $-\dfrac{1}{2}(1 - x^2)^2 + C$

3. 若 $\dfrac{\ln x}{x}$ 是 $f(x)$ 的一个原函数，则 $\int x f'(x)\,\mathrm{d}x = ($　　$)$.

　A. $\dfrac{\ln x}{x} + C$ 　　　　　　　　　B. $\dfrac{1}{x} - \dfrac{2\ln x}{x} + C$

　C. $\dfrac{1}{x} + C$ 　　　　　　　　　　D. $\dfrac{1 + \ln x}{x^2} + C$

4. 若 $\int \dfrac{\mathrm{d}x}{(5 + 3\cos x)^2} = \dfrac{a\sin x}{5 + 3\cos x} + b\int \dfrac{\mathrm{d}x}{5 + 3\cos x}$，则下列结论正确的是 $($　　$)$.

　A. $a = -\dfrac{3}{16}$，$b = \dfrac{5}{16}$ 　　　　　　B. $a = -\dfrac{3}{16}$，$b = -\dfrac{5}{16}$

C. $a = \dfrac{3}{16}$, $b = -\dfrac{5}{16}$ 　　　　　　　　D. $a = \dfrac{3}{16}$, $b = \dfrac{5}{16}$

5. $\displaystyle\int \sec x \, dx = ($　　　$)$.

　　A. $\ln|\sec x - \tan x| + C$ 　　　　　　B. $\ln|\csc x + \cot x| + C$

　　C. $\ln|\csc x - \cot x| + C$ 　　　　　　D. $\ln|\sec x + \tan x| + C$

二、填空题（每小题 3 分，共 15 分）

1. $\displaystyle\int \dfrac{1+x}{\sqrt{x}} dx = $ _____ .

2. $\dfrac{d}{dx}\displaystyle\int f(x)\,d(\arctan x) = $ _____ .

3. $\displaystyle\int \dfrac{\ln x - 1}{x^2} dx = $ _____ .

4. 设 $\displaystyle\int f'(x^3)\,dx = x^4 - x + C$，则 $f(x) = $ _____ .

5. 设 $\displaystyle\int \dfrac{\sin x}{f(x)} dx = \arctan(\cos x) + C$，则 $\displaystyle\int f(x)\,dx = $ _____ .

三、解答题（每小题 7 分，共 35 分）

1. 已知 $f(x)$ 的一个原函数为 $\dfrac{\sin x}{x}$，求 $\displaystyle\int x f'(x)\,dx$.

2. 若 $f'(e^x) = 1 + e^{2x}$，且 $f(0) = 1$，求 $f(x)$.

3. 设 $f'(\ln x) = (x + 1)\ln x$，求 $f(x)$.

4. 设 $\int f'(\sqrt{x})\,\mathrm{d}x = \mathrm{e}(\mathrm{e}^{\sqrt{x}} + 1) + C$，求 $f(x)$.

5. 设 $\int \dfrac{\sin x}{f(x)}\,\mathrm{d}x = \arctan(\cos x) + C$，求 $\int f(x)\,\mathrm{d}x$.

四、（本题 8 分）设有一条曲线 $y = f(x)$，其上任意点 (x, y) 处的法线斜率是该点横坐标平方与四次方之和，且曲线通过点 $(1，1)$，求该曲线方程.

五、（本题 7 分）设某产品需求量 Q 是价格 P 的函数，该商品最大需求量为 1000（即

$P = 0$ 时，$Q = 1000$），已知需求量对价格的变化率为 $Q'(P) = -1000\ln 4 \cdot \left(\dfrac{1}{4}\right)^P$，求需求量 Q 与价格 P 的函数关系.

六、（本题 10 分）计算不定积分 $\displaystyle\int \frac{\ln(1 + x) - \ln x}{x(1 + x)}\mathrm{d}x$.

七、（本题 10 分）设 $f(x^2 - 1) = \ln\dfrac{x^2}{x^2 - 2}$，且 $f[\varphi(x)] = \ln x$，求 $\displaystyle\int \varphi(x)\mathrm{d}x$.

思 考 题 六

1. 计算下列不定积分：

（1）$\int \dfrac{x^2+1}{x^4+1}\mathrm{d}x \quad (x \neq 0)$；

（2）$\int \dfrac{x\mathrm{e}^{\arctan x}}{(1+x^2)^{\frac{3}{2}}}\mathrm{d}x$；

（3）$\int \mathrm{e}^{2x}\sin^2 x\mathrm{d}x$；

（4）$\int \dfrac{\arcsin\sqrt{x}+\ln x}{\sqrt{x}}\mathrm{d}x$；

（5）$\int \mathrm{e}^{ax}\cos bx\mathrm{d}x \quad (a^2+b^2 \neq 0)$；

（6）$\int \ln\left(1+\sqrt{\dfrac{1+x}{x}}\right)\mathrm{d}x \quad (x>0)$；

（7）$\int \dfrac{\mathrm{d}x}{\sqrt{\sin x\cos^7 x}}$；

（8）$\int \dfrac{\mathrm{d}x}{(x^2+a^2)^{3/2}} \quad (a>0)$.

2. 设 $f(\ln x) = \dfrac{\ln(1 + x)}{x}$, 计算 $\int f(x)\,\mathrm{d}x$.

3. 设 $f(\sin^2 x) = \dfrac{x}{\sin x}$, 求 $\int \dfrac{\sqrt{x}}{\sqrt{1 - x}} f(x)\,\mathrm{d}x$.

4. 设 $F(x)$ 是 $f(x)$ 的一个原函数, 当 $x>0$ 时, 有 $f(x)F(x) = \dfrac{\arctan\sqrt{x}}{\sqrt{x}(1 + x)}$, 且 $F(1) = \dfrac{\sqrt{2}}{4}\pi$, 求 $f(x)$.

5. 设 $I = \displaystyle\int \dfrac{x^3}{\sqrt{1 + 2x - x^2}}\mathrm{d}x$, 证明: 存在常数 p , q , r , s , 使 $I = (px^2 + qx + r)$.

$\sqrt{1 + 2x - x^2} + s\displaystyle\int \dfrac{\mathrm{d}x}{\sqrt{1 + 2x - x^2}}$, 并由此计算 I .

6. 设 $F(x)$ 是 $f(x)$ 的一个原函数，$G(x)$ 是 $\dfrac{1}{f(x)}$ 的一个原函数，且 $F(0) = 1$，$F(x)G(x) = -1$，求 $f(x)$.

7. 求出不定积分递推公式 $I_n = \displaystyle\int \dfrac{1}{\sin^n x}\mathrm{d}x$，并求出 I_5.

第7章 定 积 分

§7.1 §7.2 定积分的概念与性质

1. 利用定积分的几何意义，填写下列定积分值：

(1) $\int_0^1 (x+1)\,\mathrm{d}x = \underline{\hspace{3cm}}$；
(2) $\int_0^1 2x\,\mathrm{d}x = \underline{\hspace{3cm}}$；

(3) $\int_{-\pi}^{\pi} \sin x\,\mathrm{d}x = \underline{\hspace{3cm}}$；
(4) $\int_0^1 \sqrt{1-x^2}\,\mathrm{d}x = \underline{\hspace{3cm}}$．

2. 利用定积分定义计算 $\int_0^1 x^3\,\mathrm{d}x$．

3. 设 $a<b$，a，b 取什么值时，积分 $\int_a^b (x-x^2)\,\mathrm{d}x$ 取得最大值？

4. 比较下列各组两个积分的大小：

(1) $\int_0^1 x^2\,\mathrm{d}x \underline{\hspace{2cm}} \int_0^1 x^3\,\mathrm{d}x$；
(2) $\int_0^1 x\sin x\,\mathrm{d}x \underline{\hspace{2cm}} \int_0^1 x^3\sin^2 x\,\mathrm{d}x$．

5. 估计下列积分的值：

（1）$\int_1^4 (x^2 + 1)\,\mathrm{d}x$；　　　　　　　　（2）$\int_2^0 \mathrm{e}^{x^2-x}\,\mathrm{d}x$.

6. 用定积分定义计算极限：$\lim\limits_{n\to\infty}\left(\dfrac{n}{n^2+1} + \dfrac{n}{n^2+2^2} + \cdots + \dfrac{n}{n^2+n^2}\right)$.

§7.3　微积分基本公式

1. 填空题：

（研 2020）当 $x \to 0^+$ 时，$\int_0^{\sin x} \sin^2 t \,\mathrm{d}t$ 是 x 的 _____ 阶无穷小.

2. 求由参数表达式 $x = \int_0^t \sin u\,du$，$y = \int_0^t \cos u\,du$ 所给定的函数 $y = y(t)$ 的导数 $\dfrac{\mathrm{d}y}{\mathrm{d}x}$.

3. 设隐函数 $y = y(x)$ 由方程 $x^3 - \int_0^x \mathrm{e}^{-t^2}\mathrm{d}t + y^3 + \ln 4 = 0$ 确定，求 $\dfrac{\mathrm{d}y}{\mathrm{d}x}$.

4. 当 x 为何值时，函数 $I(x) = \displaystyle\int_0^x t e^{-t^2} dt$ 有极值？

5. 计算下列各导数：

（1）$\dfrac{d}{dx}\displaystyle\int_0^{x^2} \sqrt{1 + t^2}\, dt$ ；　　　　　　　　（2）$\dfrac{d}{dx}\displaystyle\int_0^x (x - t)\sin t\, dt$.

6. 计算下列各定积分：

（1）$\displaystyle\int_0^a (3x^2 - x + 1)\, dx$ ；　　　　　　　　（2）$\displaystyle\int_4^9 \sqrt{x}\,(1 + \sqrt{x})\, dx$ ；

（3）$\displaystyle\int_{-1}^0 \dfrac{3x^4 + 3x^2 + 1}{x^2 + 1}\, dx$ ；　　　　　　　　（4）$\displaystyle\int_0^1 \dfrac{dx}{\sqrt{4 - x^2}}$ ；

（5）$\displaystyle\int_0^{\sqrt{3}a}\dfrac{\mathrm{d}x}{a^2+x^2}$ ；

（6）$\displaystyle\int_0^{\frac{\pi}{4}}\tan^2\theta\mathrm{d}\theta$ ；

（7）$\displaystyle\int_0^{2\pi}|\sin x|\mathrm{d}x$ ；

（8）$\displaystyle\int_0^2 f(x)\mathrm{d}x$ ，其中 $f(x)=\begin{cases}x+1, & x\leqslant 1\\[2mm]\dfrac{1}{2}x^2, & x>1\end{cases}$.

7. 求下列极限：

（1）$\displaystyle\lim_{x\to 0}\dfrac{\left(\int_0^x \mathrm{e}^{t^2}\mathrm{d}t\right)^2}{\int_0^x t\mathrm{e}^{2t^2}\mathrm{d}t}$ ；

（2）$\displaystyle\lim_{x\to 0}\dfrac{\int_0^x(\arctan t)^2\mathrm{d}t}{\sqrt{x^3+1}-1}$.

8. （研 2014）设函数 $f(x)$，$g(x)$ 在区间 $[a,b]$ 上连续，且 $f(x)$ 单调增大，$0\leqslant g(x)\leqslant 1$，证明：

（1）$0\leqslant\displaystyle\int_a^x g(t)\mathrm{d}t\leqslant x-a$，$x\in[a,b]$ ；

(2) $\int_a^{a+\int_a^b g(t)\mathrm{d}t} f(x)\mathrm{d}x \le \int_a^b f(x)g(x)\mathrm{d}x$.

§7.4 定积分的换元积分法

1. 填空题：

(1) $\int_{-a}^{a} \dfrac{x^3 \sin^2 x}{x^4 + x^2 + 1}\mathrm{d}x = $ _____ .

(2) $\int_{-1}^{1} (2x + \sqrt{1-x^2})\mathrm{d}x = $ _____ .

(3) $f(u)$ 连续，$a \ne b$ 为常数，则 $\dfrac{\mathrm{d}}{\mathrm{d}x}\int_a^b f(x+t)\mathrm{d}t = $ _____ .

(4) $\int_0^x f(t)\mathrm{d}t = \dfrac{x^2}{4}$，则 $\int_0^4 \dfrac{1}{\sqrt{x}} f(\sqrt{x})\mathrm{d}x = $ _____ .

2. 计算下列定积分：

(1) $\int_0^{\frac{\pi}{2}} \sin x \cos^3 x\,\mathrm{d}x$;

(2) $\int_{\frac{1}{\sqrt{2}}}^{1} \dfrac{\sqrt{1-x^2}}{x^2}\mathrm{d}x$;

(3) $\int_0^1 t e^{-\frac{t^2}{2}}\mathrm{d}t$;

(4) $\int_1^{e^2} \dfrac{\mathrm{d}x}{x\sqrt{1+\ln x}}$;

$(5) \displaystyle\int_{-\frac{\pi}{2}}^{\frac{\pi}{2}} \cos x \cos 2x \, \mathrm{d}x$;

$(6) \displaystyle\int_{-\frac{\pi}{2}}^{\frac{\pi}{2}} \sqrt{\cos x - \cos^3 x} \, \mathrm{d}x$;

$(7) \displaystyle\int_{-5}^{5} \frac{x^3 \sin x}{x^4 + 2x^2 + 1} \, \mathrm{d}x$;

$(8) \displaystyle\int_{0}^{2\pi} \left| \sin(x + 1) \right| \, \mathrm{d}x$.

3. 设 $f(x) = \begin{cases} \dfrac{1}{1 + x}, & x \geqslant 0 \\[3mm] \dfrac{1}{1 + \mathrm{e}^x}, & x < 0 \end{cases}$ ，求 $\displaystyle\int_{0}^{2} f(x - 1) \, \mathrm{d}x$.

4. 证明：$\displaystyle\int_{x}^{1} \frac{\mathrm{d}x}{1 + x^2} = \int_{1}^{\frac{1}{x}} \frac{\mathrm{d}x}{1 + x^2} \ (x > 0)$.

5. $f(x)$ 是以 l 为周期的连续函数, 证明: $\int_a^{a+l} f(x)\,\mathrm{d}x$ 的值与 a 无关.

6. (1) 若 $f(t)$ 是连续的奇函数, 证明: $\int_0^x f(t)\,\mathrm{d}t$ 是偶函数;

(2) 若 $f(t)$ 是连续的偶函数, 证明: $\int_0^x f(t)\,\mathrm{d}t$ 是奇函数.

§7.5 定积分的分部积分法

1. 填空题:

(1) $\int_{-1}^1 x(1+x^{2005})(\mathrm{e}^x - \mathrm{e}^{-x})\,\mathrm{d}x = $ _____ .

(2) 若 $b > 0$, 且 $\int_1^b \ln x\,\mathrm{d}x = 1$, 则 $b = $ _____ .

(3) 设 $f'(x) = \phi(x)$, 则 $\int_0^a x\phi(x)\,\mathrm{d}x = $ _____ .

(4) 设 $f''(x)$ 在 $[0, 2]$ 上连续, 且 $f(0) = 0, f(2) = 4, f'(2) = 2$, 则

$\int_0^1 xf''(2x)\,\mathrm{d}x = $ _____ .

2. 计算下列定积分：

（1）$\int_0^1 xe^{-x}\,\mathrm{d}x$;

（2）$\int_1^e x\ln x\,\mathrm{d}x$;

（3）$\int_0^{\frac{2\pi}{\omega}} t\sin\omega t\,\mathrm{d}t$;

（4）$\int_{\frac{\pi}{4}}^{\frac{\pi}{3}} \dfrac{x}{\sin x}\,\mathrm{d}x$;

（5）$\int_0^1 x\arctan x\,\mathrm{d}x$;

（6）$\int_1^e \sin(\ln x)\,\mathrm{d}x$;

（7）$\int_{e^{-1}}^e |\ln x|\,\mathrm{d}x$;

（8）$\int_0^{\frac{\pi}{2}} e^{2x}\cos x\,\mathrm{d}x$;

(9) $\int_0^1 (1 - x^2)^{\frac{m}{2}} \mathrm{d}x$ (m 为正整数);

(10) $I_m = \int_0^\pi x \sin^m x \mathrm{d}x$ (m 为正整数).

§7.7　反 常 积 分

1. 填空题:

(1) (研 2017) $\int_0^{+\infty} \dfrac{\ln(1 + x)}{(1 + x)^2} \mathrm{d}x =$ _____ .

(2) (研 2018) $\int_5^{+\infty} \dfrac{1}{x^2 - 4x + 3} \mathrm{d}x =$ _____ .

2. 判定下列各反常积分的收敛性, 如果收敛, 计算反常积分的值:

(1) $\int_0^{+\infty} \mathrm{e}^{-ax} \mathrm{d}x (a > 0)$;　　　　　　(2) $\int_{-\infty}^{+\infty} \dfrac{\mathrm{d}x}{x^2 + 2x + 2}$;

(3) $\int_0^2 \dfrac{\mathrm{d}x}{(1-x)^2}$;

(4) $\int_1^2 \dfrac{x\mathrm{d}x}{\sqrt{x-1}}$;

(5) $\int_1^e \dfrac{\mathrm{d}x}{x\sqrt{1-(\ln x)^2}}$.

3. 利用 $\int_0^{+\infty} \mathrm{e}^{-x^2}\mathrm{d}x = \dfrac{\sqrt{\pi}}{2}$, 计算 $\int_0^{+\infty} x^2\mathrm{e}^{-x^2}\mathrm{d}x$.

4. 当 k 为何值时, 反常积分 $\int_2^{+\infty} \dfrac{\mathrm{d}x}{x(\ln x)^k}$ 收敛? 当 k 为何值时, 反常积分发散? 又当 k 为何值时, 反常积分取得最小值?

自 测 题 七

一、选择题（每小题 3 分，共 15 分）

1. 函数 $f(x)$ 在 $[a, b]$ 上有界是它在该区间上可积的(　　).

    A. 必要条件　　　　　B. 充分条件　　　　　C. 充要条件　　　　D. 无关条件

2. 设 $f(u)$ 在 $[a, b]$ 上连续，且 x 与 t 无关，则(　　).

    A. $\int_a^b xf(x)\,\mathrm{d}x = x\int_a^b f(x)\,\mathrm{d}x$ 　　　　　　B. $\int_a^b tf(x)\,\mathrm{d}x = t\int_a^b f(x)\,\mathrm{d}x$

    C. $\int_a^b tf(x)\,\mathrm{d}t = t\int_a^b f(x)\,\mathrm{d}t$ 　　　　　　D. $\int_a^b xf(t)\,\mathrm{d}x = x\int_a^b f(t)\,\mathrm{d}x$

3. 已知 $\int_x^a f(t)\,\mathrm{d}t = \sin(a-x)^2$，则 $f(x) = ($　　$)$.

    A. $\sin(a-x)^2$ 　　　　　　　　　　B. $-\sin(a-x)^2$

    C. $2(a-x)\cos(a-x)^2$ 　　　　　　D. $-2(a-x)\cos(a-x)^2$

4. 如果 $f(x)$ 在 $[a, b]$ 上连续，且 $g'(x) = f(x)$，则 $\int_a^b 2f(x)g(x)\,\mathrm{d}x = ($　　$)$.

    A. $2f(b) - 2f(a)$ 　　　　　　　　B. $2g(b) - 2g(a)$

    C. $f^2(b) - f^2(a)$ 　　　　　　　　D. $g^2(b) - g^2(a)$

5. 下列广义积分收敛的是（　　）.

    A. $\int_e^{+\infty} \dfrac{\ln x}{x}\mathrm{d}x$ 　　　　　　　　　　B. $\int_e^{+\infty} \dfrac{\mathrm{d}x}{x\ln x}$

    C. $\int_e^{+\infty} \dfrac{\mathrm{d}x}{x(\ln x)^2}$ 　　　　　　　D. $\int_e^{+\infty} \dfrac{\mathrm{d}x}{x\sqrt{\ln x}}$

二、填空题（每小题 3 分，共 15 分）

1. $\int_{-a}^{a} \sqrt{a^2 - x^2}\,\mathrm{d}x = $ _____.

2. $\int_{-1}^{2} |x^2 - 2x|\,\mathrm{d}x = $ _____.

3. 曲线 $y = \int_1^x t(1-t)\,\mathrm{d}t$ 的凸区间是_____;

4. $\int_{-\pi}^{0} \sqrt{1 + \cos 2x}\,\mathrm{d}x = $ _____.

5. 设 $f(x)$ 是连续函数，且 $f(x) = \sin x + \int_0^{\pi} f(x)\,\mathrm{d}x$，则 $f(x) = $ _____.

三、计算题（每小题 8 分，共 56 分）

1. 求 $\lim\limits_{n\to\infty} \dfrac{1}{n}\left(\dfrac{1}{\sqrt{n^2+1}} + \dfrac{2}{\sqrt{n^2+4}} + \cdots + \dfrac{n}{\sqrt{n^2+n^2}} \right)$.

2. 计算 $\int_{\frac{1}{2}}^{1} \dfrac{\arcsin\sqrt{x}}{\sqrt{x(1-x)}}dx.$

3. 计算 $\int_{0}^{\frac{\pi}{4}} x\tan x \sec^2 x dx.$

4. $\int_{-1}^{1} (|x|+x)e^{-|x|}dx.$

5. $\int_{1}^{+\infty} \dfrac{dx}{x\sqrt{x^2-1}}.$

6. 设 $f(x) = \begin{cases} x\mathrm{e}^{x^2}, & -\dfrac{1}{2} \leqslant x < \dfrac{1}{2} \\ -1, & x \geqslant \dfrac{1}{2} \end{cases}$ ，求 $\displaystyle\int_{\frac{1}{2}}^{2} f(x-1)\,\mathrm{d}x$.

7. 求极限 $\displaystyle\lim_{x \to 0} \dfrac{\displaystyle\int_0^x t\sin t\,\mathrm{d}t}{\ln(1+x)}$.

四、（本题 7 分）设函数 $f(x)$ 连续，且 $f(0) \neq 0$，求极限 $\displaystyle\lim_{x \to 0} \dfrac{\displaystyle\int_0^x (x-t)f(t)\,\mathrm{d}t}{x\displaystyle\int_0^x f(x-t)\,\mathrm{d}t}$.

五、(本题 7 分) 设 $p > 0$, 证明: $\dfrac{p}{p+1} < \displaystyle\int_0^1 \dfrac{\mathrm{d}x}{1+x^p} < 1$.

思 考 题 七

1. 若函数 $f(x)$ 满足 $\displaystyle\int_0^x tf(2x-t)\,\mathrm{d}t = \mathrm{e}^x - 1$, 且 $f(1) = 1$, 求 $\displaystyle\int_1^2 f(x)\,\mathrm{d}x$.

2. 已知 $\displaystyle\lim_{x\to\infty}\left(\dfrac{x+a}{x-a}\right)^x = \displaystyle\int_{-\infty}^a t\mathrm{e}^{2t}\,\mathrm{d}t$, 求 a 的值.

3. 设连续非负函数满足 $f(x)f(-x) = 1\ (-\infty < x < +\infty)$, 求 $I = \displaystyle\int_{-\frac{\pi}{2}}^{\frac{\pi}{2}} \dfrac{\cos x}{1+f(x)}\,\mathrm{d}x$.

4. 当 $x > 0$，$t > 0$ 时，$f(x)$ 满足方程 $\int_1^{xt} f(u)\,\mathrm{d}u = t\int_1^x f(u)\,\mathrm{d}u + \int_1^t xf(u)\,\mathrm{d}u$，且 $f(x)$ 在 $[0, +\infty)$ 有连续一阶导数，又 $f(1) = 3$，求 $f(x)$.

5. 设 $f(x)$，$g(x)$ 在区间 $[-a, a]$ $(a > 0)$ 上连续，$g(x)$ 为偶函数，且 $f(x)$ 满足条件 $f(x) + f(-x) = A$（A 为常数）.

（1）证明：$\int_{-a}^a f(x)g(x)\,\mathrm{d}x = A\int_0^a g(x)\,\mathrm{d}x$.

（2）利用（1）的结论计算定积分 $\int_{-\frac{\pi}{2}}^{\frac{\pi}{2}} |\sin x|\arctan e^x\,\mathrm{d}x$.

6. 设 $f(x)$ 在 $[0, 1]$ 上连续且单调递减，又设 $f(x) > 0$，证明对于任意满足 $0 < \alpha < \beta < 1$ 的 α 和 β，恒有 $\beta\int_0^\alpha f(x)\,\mathrm{d}x > \alpha\int_0^\beta f(x)\,\mathrm{d}x$.

7. 设函数 $f(x)$ 可导，且 $f(0) = 0$，$F(x) = \int_0^x t^{n-1} f(x^n - t^n)\,\mathrm{d}t$，求 $\lim\limits_{x\to 0}\dfrac{F(x)}{x^{2n}}$.

8. 设函数 $f(x)$ 在 $[0, \pi]$ 上连续，且 $\int_0^\pi f(x)\,\mathrm{d}x = 0$，$\int_0^\pi f(x)\cos x\,\mathrm{d}x = 0$. 试证明在 $(0, \pi)$ 内至少存在两个不同的点 ξ_1，ξ_2，使 $f(\xi_1) = f(\xi_2) = 0$.

9. 设 $f(x)$ 在 $[0,1]$ 上可导，且满足 $f(1) = 2\int_0^{\frac{1}{2}} xf(x)\,\mathrm{d}x$，证明：必存在点 $\xi \in (0, 1)$，使得 $f'(\xi) = -\dfrac{f(\xi)}{\xi}$.

10. 设 $f(x)$ 在 $[0,1]$ 上连续，且 $1 \leqslant f(x) \leqslant 3$，证明：$1 \leqslant \int_0^1 f(x)\,\mathrm{d}x \int_0^1 \dfrac{1}{f(x)}\,\mathrm{d}x \leqslant \dfrac{4}{3}$.

11. 计算 $\int_0^{\pi} \dfrac{\sin(2n-1)x}{\sin x}\mathrm{d}x$ 的值，其中 n 为正整数.

12. 证明：$\dfrac{1}{2} < \displaystyle\int_0^1 \dfrac{\mathrm{d}x}{\sqrt{4-x^2+x^3}} < \dfrac{\pi}{6}$.

13. 设 $I_m = \displaystyle\int_0^{\frac{\pi}{4}} \tan^m x\,\mathrm{d}x$ ($m > 1$ 且为自然数).

（1）计算 $I_m + I_{m+2}$；

（2）证明：$\dfrac{1}{2(m+1)} < I_m < \dfrac{1}{2(m-1)}$.

第 8 章　定积分的应用

§8.1　平面图形的面积

1. 填空题：

（1）曲线 $y = x^2$ 与 $y = 2x$ 所围成图形的面积为＿＿＿＿＿．

（2）曲线 $y = \cos x$，$x \in \left[0, \dfrac{3}{2}\pi \right]$ 与坐标轴围成的面积为＿＿＿＿＿．

2. 求由下列各组曲线所围成图形的面积：

（1）$y = \mathrm{e}^x$，$y = \mathrm{e}^{-x}$ 与直线 $x = 1$；

（2）$y = \ln x$，y 轴与直线 $y = \ln a$，$y = \ln b$（$b > a > 0$）；

（3）$x = g(y)$，$x = g(y) + 1$，$y = 0$，$y = 2$，其中 $g(y)$ 是连续函数；

（4）$y = x^2$，$y = 2x - 1$ 与 x 轴；

(5) $y = \sqrt{x}$，$y = \sin x$，$x = \pi$.

3. 抛物线 $y = -x^2 + 4x - 3$ 及其在点（0，-3）和点（3，0）处的切线所围成的图形的面积.

4. 求摆线 $x = a(t - \sin t)$，$y = a(1 - \cos t)$ 的一拱（$0 \leqslant t \leqslant 2\pi$）与横轴所围成图形的面积.

5.（研 2014）设函数 $f(x) = \dfrac{x}{1 + x}$，$x \in [0, 1]$，定义函数数列 $f_1(x) = f(x)$，$f_2(x) = f(f_1(x))$，$\cdots$，$f_n(x) = f(f_{n-1}(x))$. 设 S_n 是曲线 $y = f_n(x)$，直线 $x = 1$，$y = 0$ 所围图形的面积，求极限 $\lim\limits_{n \to \infty} n S_n$.

6. 设曲线 $y = e^x$，$y = 1$，$x = \xi$ $(\xi > 0)$ 围成图形的面积等于由 $y = e^x$，$x = \xi$，$y = e^h$ $(h > \xi)$ 围成图形的面积，记 $\xi = \theta h$，求 $\lim\limits_{h \to 0} \theta$.

§8.2 体 积

1. 填空题：

（1）$y = x^2$，$x = y^2$，绕 x 轴旋转所产生的旋转体的体积为_____．

（2）$y = 2 - x$，$y = x^2$，$x = 0$，绕 y 轴旋转所产生的旋转体的体积为_____．

2. 由 $y = x^3$，$x = 2$，$y = 0$ 所围成的图形，分别绕 x 轴及 y 轴旋转，计算所得两个旋转体的体积．

3. 求由 $y = x^{\frac{3}{2}}$，$x = 4$，$y = 0$ 所围图形绕 y 轴旋转的旋转体的体积．

4. 求星形线 $x^{\frac{3}{2}} + y^{\frac{3}{2}} = a^{\frac{2}{3}}$ 所围图形绕 x 轴旋转所得旋转体的体积．

5. 计算底面是半径为 R 的圆，而垂直于底面上一条固定直径的所有截面都是等边三角形的立体的体积.

6. 求摆线 $x = a(t - \sin t)$，$y = a(1 - \cos t)$ 的一拱及 $y = 0$ 绕 x 轴旋转的旋转体的体积.

§8.3　平面曲线的弧长

1. 计算曲线 $y = \dfrac{1}{3}\sqrt{x}(3 - x)$ 上对应于 $1 \leqslant x \leqslant 3$ 的一段弧长.

2. 计算曲线 $y = \ln x$ 上对应于 $\sqrt{3} \leqslant x \leqslant \sqrt{8}$ 的一段弧的长度.

3. 求摆线 $x = a(t - \sin t)$，$y = a(1 - \cos t)$ 的一拱 $(0 \leqslant t \leqslant 2\pi)$ 的长度，其中 $a > 0$.

4. 求曲线 $y^2 = 2x$ $(0 \leqslant x \leqslant 1)$ 绕 x 轴旋转所得曲面的面积.

§8.4　定积分在经济分析中的应用

1. 某商品总产量的变化率 $f(t) = 200 + 5t - \dfrac{1}{2}t^2$，求：（1）时间 t 在 $[2, 8]$ 上变化时，总产量的增加值 ΔQ；（2）总产量函数 $Q = Q(t)$；（3）该产品前 6 年的平均年产量 $\overline{Q}$.

2. 某商品的边际成本函数 $C' = 4 + \dfrac{x}{4}$（万元／百台），边际收益函数 $R' = 8 - x$（万元／百台），求：（1）若固定成本 $C_0 = 1$ 万元，求总成本函数与总利润函数；（2）当产量 x 为多少时，利润最大？（3）求最大利润时的总成本与总收益.

3. （1）已知边际成本为 $C'(x) = 7 + \dfrac{25}{\sqrt{x}}$，固定成本为 1000，求总成本函数.

（2）已知边际收益 $R'(x) = a - bx$，求收益函数.

（3）已知边际成本为 $C'(x) = 100 - 2x$，求当产量由 $x = 20$ 增加到 $x = 30$ 时，应追加的成本数.

（4）已知边际成本 $C'(x) = 30 + 4x$，边际收益为 $R'(x) = 60 - 2x$，求最大利润（设固定成本为 0）.

4. 对某企业一笔投资 A, 经测算该企业在 T 年中可以按每年 a 元的均匀收入率获得收入, 若年利率为 r, 按连续复利计, 求: (1) 该投资的纯收入现值; (2) 收回投资的时间.

5. 假设以年连续复利率 $r=0.05$ 计算, 现在从银行贷款 50 万元购买一套住房, 又按每年流量 $p(t) = 3e^{0.01t}$ (其中 t 以年为单位) 万元租金出租, 并将租金的 20% 纳税, 余下的偿还银行贷款, 多少年后可以还清银行贷款?

6. 某项目投资成本为 $A=10000$ 万元, 年利率为 5%, 按连续复利计算时, 每年的均匀收入率为 $a=2000$ 万元, 求该项目无限期投资纯收入的现值.

自 测 题 八

一、填空题（每小题 3 分，共 15 分）

1. 由曲线 $y = x^2$，$y = x^3$ 围成的封闭图形的面积为_____．

2. 函数 $f(x) = \begin{cases} x + 1, & -1 \le x < 0 \\ \cos x, & 0 \le x \le \dfrac{\pi}{2} \end{cases}$ 的图像与 x 轴所围成的封闭图形的面

积为_____．

3. 曲线 $y = \sin^{\frac{3}{2}} x (0 \le x \le \pi)$ 与 x 轴围成的图形绕 x 轴旋转所成的旋转体

的体积为_____．

4. 已知生产某产品 x 个单位时，总收入的变化率为 $R'(x) = 20 - \dfrac{1}{5}x$（万

元/单位）．如果已生产 10 个单位产品，则再生产 10 个单位产品增加的收入为

_____．

5. 在区间 $\left[0, \dfrac{\pi}{2}\right]$ 上，曲线 $y = \sin x$ 与直线 $x = \dfrac{\pi}{2}$ 及 $y = 0$ 所围成的图形绕 y 轴旋转所

得的立体体积为_____．

二、选择题（每小题 3 分，共 15 分）

1. 曲线 $y = x(x - 1)(2 - x)$ 与 x 轴所围图形的面积可以表示为（　　）．

　A. $-\int_0^2 x(x - 1)(2 - x)\mathrm{d}x$

　B. $\int_0^1 x(x - 1)(2 - x)\mathrm{d}x - \int_1^2 x(x - 1)(2 - x)\mathrm{d}x$

　C. $\int_0^2 x(x - 1)(2 - x)\mathrm{d}x$

　D. $-\int_0^1 x(x - 1)(2 - x)\mathrm{d}x + \int_1^2 x(x - 1)(2 - x)\mathrm{d}x$

2. 由曲线 $y = \ln x$ 与两直线 $y = e + 1 - x$ 及 $y = 0$ 所围成的平面图形的面积是（　　）．

　A. $\dfrac{3}{2}$　　　　　　　B. $\dfrac{2}{3}$　　　　　　　C. 1　　　　　　　D. -1

3. 连续曲线 $y = \varphi(x)$，$y = \phi(x) [0 \le \varphi(x) \le \phi(x)]$，直线 $x = a$，$x = b \ (a < b)$ 围成的平面图形绕 x 轴旋转一周，生成的旋转体体积为（　　）．

　A. $\pi\int_a^b [\phi(x) - \varphi(x)]^2\mathrm{d}x$　　　　　　　　B. $\pi\int_a^b [\phi^2(x) - \varphi^2(x)]\mathrm{d}x$

　C. $\pi\int_a^b [\varphi^2(x) - \phi^2(x)]\mathrm{d}x$　　　　　　　　D. $\pi\int_a^b [\phi(x) - \varphi(x)]\mathrm{d}x \cdot (b - a)$

4. 某厂生产某产品的边际成本为 $C'(x) = 1$（元/件），固定成本设为 0，边际收入 $R'(x) = 10 - 0.02x$（元/件），则生产 100 件产品时的总利润为（　　）元．

　A. 500　　　　　　　B. 600　　　　　　　C. 700　　　　　　　D. 800

5. 曲线 $y = \sqrt{x}$ 与直线 $x = 1$，$x = 4$，$y = 0$ 所围成图形绕 x 轴旋转所产生的立体体积为（　　）．

    A. π B. $\dfrac{5}{2}\pi$ C. $\dfrac{15}{2}\pi$ D. $\dfrac{25}{2}\pi$

三、（本题 8 分）求由 $y = \dfrac{1}{x}$，$y = \dfrac{1}{x^2}$ 及 $x = \dfrac{1}{2}$，$x = 2$ 所围成的平面图形的面积．

四、（本题 8 分）由 $y = 1 - x^2$（$x \geqslant 0$）及 x 轴与 y 轴所围成的平面图形被 $y = kx^2$ 分成面积相等的两部分，确定常数 k 的值．

五、（本题 8 分）求由 $y = x^2$，$y^2 = x$ 所围成的平面图形绕 y 轴旋转一周所得旋转体的体积．

六、（本题 8 分）求由 $x^2 + (y - 5)^2 = 16$ 所围成的平面图形绕 x 轴旋转一周所得的旋转体的体积．

七、（本题 8 分）计算曲线 $y = \int_{\frac{\pi}{2}}^{x} \sqrt{\cos x}\, dx$ 上对应于 $-\dfrac{\pi}{2} \leqslant x \leqslant \dfrac{\pi}{2}$ 的一段弧长.

八、（本题 10 分）投产某产品的固定成本为 36 万元，且成本对产量 x 的变化率为 $C'(x) = 2x + 40$（万元／百台），试求产量由 4（百台）增至 6（百台）时的总成本增值. 当产量为多少时，可使平均成本达到最低？

九、（本题 10 分）某工厂生产某商品的边际成本 $C'(Q) = 100 + Q$（Q 为产量），固定成本为 0，边际收益 $R'(Q) = 200 - Q$，税率每件为 20，求最大利润.

十、(本题 10 分)设平面图形由抛物线 $y = ax^2 - x(a > 0)$ 及 $y = 0$,$x = 0$,$x = 1$ 所围成.

(1)试确定 a 的值,使此平面图形的面积最小;

(2)试确定 a 的值,使此平面图形绕 x 轴旋转一周所得旋转体的体积最小.

思 考 题 八

1. 设抛物线 $y = ax^2 + bx + c$ 过原点,当 $0 \leqslant x \leqslant 1$ 时,$y \geqslant 0$,又已知该抛物线与 x 轴及直线 $x = 1$ 所围图形的面积为 $\dfrac{4}{9}$,试确定 a,b,c 使此图形绕 x 轴旋转一周后所得旋转体的体积 V 最小.

2. 设平面图形 A 由 $x^2 + y^2 \leqslant 2x$ 与 $y \geqslant x$ 所确定,求图形 A 绕直线 $x = 2$ 旋转一周所得旋转体的体积.

3. 求曲线 $|\ln x| + |\ln y| = 1$ 所围成的平面图形的面积.

4. 过曲线 $y = \sqrt[3]{x}$ （$x \geqslant 0$）上点 A 作切线，使该切线与曲线 $y = \sqrt[3]{x}$ 及 x 轴所围平面图形 D 的面积 $S = \dfrac{3}{4}$.

（1）求点 A 的坐标；

（2）求平面图形 D 绕 x 轴旋转一周所得旋转体的体积.

5. 过坐标原点作曲线 $y = \ln x$ 的切线，该切线与曲线 $y = \ln x$ 及 x 轴围成平面图形 D. 求：

（1）D 的面积 A；

（2）D 绕直线 $x = e$ 旋转一周所得旋转体的体积 V.

6. 曲线 $y = \dfrac{e^x + e^{-x}}{2}$ 与直线 $x = 0$，$x = t$ （$t>0$）及 $y = 0$ 围成一曲边梯形. 该曲边梯形绕 x 轴旋转一周得一旋转体，其体积为 $V(t)$，侧面积为 $S(t)$，在 $x = t$ 处的底面积为 $F(t)$.

（1）求 $\dfrac{S(t)}{V(t)}$ 的值；

（2）计算极限 $\lim\limits_{t\to\infty}\dfrac{S(t)}{F(t)}$.

7. 设 D 是位于曲线 $y=\sqrt{x}\,a^{\frac{x}{2a}}(a>1,\ 0\leqslant x<+\infty)$ 下方、x 轴上方的无界区域.

（1）求区域 D 绕 x 轴旋转一周所成旋转体的体积 $V(a)$；

（2）当 a 为何值时，$V(a)$ 最小？并求此最小值.

8. 设 $D:x^2+y^2\leqslant 4x,\ y\leqslant -x$. 在 D 的边界 $y=-x$ 上任取点 P，设 P 到原点的距离为 t，作 PQ 垂直于 $y=-x$，交 D 的边界 $x^2+y^2=4x$ 于 Q.

（1）试将 PQ 的距离 $|PQ|$ 表示为 t 的函数；

（2）求 D 绕 $y=-x$ 旋转一周所得的旋转体的体积.

9. 设曲线的极坐标方程为 $\rho = e^{a\theta}$（$a > 0$），求该曲线上对应于 θ 从 0 变到 2π 的一段弧与极轴所围成的图形的面积.

10.（研 2016）设 D 是由曲线 $y = \sqrt{1 - x^2}$（$0 \leqslant x \leqslant 1$）与 $\begin{cases} x = \cos^3 t \\ y = \sin^3 t \end{cases}$ $\left(0 \leqslant t \leqslant \dfrac{\pi}{2} \right)$ 围成的平面区域，求 D 绕 x 轴旋转一周所得旋转体的体积和表面积.

第 9 章 微 分 方 程

§9.1 微分方程的基本概念

1. 填空题：

（1）微分方程 $x(y')^2 - 2yy' + x = 0$ 的阶数为_____阶.

（2）微分方程 $\sqrt{y'''} - 2y'' + \sin x = 0$ 的阶数为_____阶.

（3）设 $y = y(x, c_1, c_2, \cdots, c_n)$ 是方程 $x^2 y'' + xy' - 4y = x^3$ 的通解，则相互独立的任意常数的个数 $n = $ _____.

（4）函数 $y = 3e^{2x}$ 是微分方程 $y'' - 4y = 0$ 的_____解.

（5）方程 $y = x + \int_0^2 y \mathrm{d}x + 1$ 可化为形如_____的微分方程.

2. 判断函数是否为所给微分方程的解（填"是"或"否"）：

（1）$xy' = 2y$，$y = 5x^2$. （　　　）

（2）$(x - 2y)y' = 2x - y$，$x^2 - x + y^2 = C$. （　　　）

（3）$\dfrac{\mathrm{d}x}{\mathrm{d}y} + \sin y = 0$，$y = \arccos x + C$. （　　　）

（4）$y'' = x^2 + y^2$，$y = \dfrac{1}{x}$. （　　　）

3. 求积分曲线族 $y = Cx + C^2$（C 为任意常数）所满足的微分方程.

4. 在下列各题给出的微分方程的通解中，按照所给的初始条件确定特解：

（1）$x^2 - y^2 = C$，$y|_{x=0} = 5$；

（2）$y = C_1 \sin(x - C_2)$，$y\big|_{x=\pi} = 1$，$y'\big|_{x=\pi} = 0$.

§9.2　一阶微分方程

1. 填空题：

（1）微分方程 $\dfrac{\mathrm{d}x}{y} + \dfrac{\mathrm{d}y}{x} = 0$，$y\big|_{x=3} = 4$ 的解是＿＿＿＿＿＿＿＿．

（2）微分方程 $\sqrt{1 - x^2}\, y' = \sqrt{1 - y^2}$ 的通解是＿＿＿＿＿＿＿．

（3）设 y^* 是 $y' + P(x)y = Q(x)$ 的一个解，Y 是对应的齐次线性方程的通解，则该方程的通解为＿＿＿＿＿＿＿＿．

（4）一阶非齐次线性微分方程 $\dfrac{\mathrm{d}y}{\mathrm{d}x} + P(x)y = Q(x)$ 的通解为＿＿＿＿＿＿＿＿．

（5）设 $y_1(x)$ 和 $y_2(x)$ 为一阶非齐次线性微分方程 $\dfrac{\mathrm{d}y}{\mathrm{d}x} + P(x)y = Q(x)$ 的两个不同的解，则该方程的通解用 $y_1(x)$ 和 $y_2(x)$ 可表示为＿＿＿＿＿＿＿＿．

（6）（研 2016）以 $y = x^2 - \mathrm{e}^x$ 和 $y = x^2$ 为特解的一阶非齐次线性微分方程为＿＿＿＿＿＿＿＿．

2. 解微分方程：

（1）$y' = \mathrm{e}^{2x - y}$；　　　　　　　　　　（2）$x^2 y' + xy = y$，$y\big|_{x=\frac{1}{2}} = 4$；

（3）$y^2 + x^2 \dfrac{\mathrm{d}y}{\mathrm{d}x} = xy \dfrac{\mathrm{d}y}{\mathrm{d}x}$;

（4）$y' = \dfrac{y}{x} + \tan \dfrac{y}{x}$;

（5）$y' + y = \mathrm{e}^{-x}$;

（6）$\dfrac{\mathrm{d}y}{\mathrm{d}x} = \dfrac{y}{x + y^2}$;

（7）$\dfrac{\mathrm{d}y}{\mathrm{d}x} + \dfrac{y}{x} = \dfrac{x+1}{x}$, $\left. y \right|_{x=2} = 3$;

（8）$\dfrac{\mathrm{d}y}{\mathrm{d}x} = \dfrac{1}{x-y} + 1$.

3. 已知 $y^* = e^x$ 是 $xy' + p(x)y = x$ 的一个特解, 试求: (1) $p(x)$; (2) 该方程的通解.

4. 用常数变易法求 $\dfrac{\mathrm{d}y}{\mathrm{d}x} + 3y = e^{2x}$ 的通解.

5. (研 2014) 已知函数 $y = y(x)$ 满足微分方程 $x^2 + y^2 y' = 1 - y'$, 且 $y(2) = 0$, 求 $y = y(x)$ 的极值.

6. 已知连续函数 $f(x)$ 满足条件 $f(x) = \int_0^{3x} f\left(\dfrac{t}{3}\right) \mathrm{d}t + \mathrm{e}^{2x}$，求 $f(x)$.

7. 设 $F(x) = f(x)g(x)$，其中 $f(x)$，$g(x)$ 在 $(-\infty, +\infty)$ 满足以下条件：$f'(x) = g(x)$，$g'(x) = f(x)$，且 $f(0) = 0$，$f(x) + g(x) = 2\mathrm{e}^x$.

求：（1）$F(x)$ 满足的一阶微分方程；

（2）$F(x)$ 的表达式.

8. （研 2019）设函数 $y(x)$ 是微分方程 $y' - xy = \dfrac{1}{2\sqrt{x}}\mathrm{e}^{\frac{x^2}{2}}$ 满足条件 $y(1) = \sqrt{\mathrm{e}}$ 的特解.

（1）求 $y(x)$ 的表达式；

（2）设平面区域 $D = \{(x, y) \mid 1 \leqslant x \leqslant 2, 0 \leqslant y \leqslant y(x)\}$，求 D 绕 x 轴旋转一周所形成的旋转体的体积.

9. 求下列伯努利方程的通解：

$(1) \dfrac{dy}{dx} = \dfrac{x^4 + y^3}{xy^2}$;

$(2) \dfrac{dy}{dx} + xy = x^3 y^3$.

§9.3　可降阶的高阶微分方程

1. 求下列微分方程的通解或满足初始条件的特解：

$(1)\ y'' = x^2$;

$(2)\ y'' = 3\sqrt{y}$, $y|_{x=0} = 1$, $y'|_{x=0} = 2$;

$(3)\ y'' - y' = x$;

$(4)\ xy'' + y' = 0$;

$(5)\ yy'' - (y')^2 - y' = 0$;

$(6)\ yy' = y''$, $y|_{x=0} = 1$, $y'|_{x=0} = 1$.

2. 求 $y'' = x$ 经过点 $M(0, 1)$ 且在此点与直线 $y = \dfrac{1}{2}x + 1$ 相切的积分曲线.

3. （研2016）已知 $y_1(x) = \mathrm{e}^x$，$y_2(x) = u(x)\mathrm{e}^x$ 是二阶微分方程 $(2x-1)y'' - (2x+1)y' + 2y = 0$ 的两个解，若 $u(-1) = \mathrm{e}$，$u(0) = -1$，求 $u(x)$，并写出该微分方程的通解.

§9.4　二阶常系数线性微分方程

1. 填空题：

（1）设某常系数齐次线性微分方程的通解为 $y = (C_1 + C_2 x)\mathrm{e}^{2x}$（其中 C_1，C_2 为任意常数），则该方程为_____.

（2）设二阶常系数齐次线性微分方程的特征方程的两个根为 $r_1 = 1 + 2\mathrm{i}$，$r_2 = 1 - 2\mathrm{i}$，则该二阶常系数齐次线性微分方程为_____.

（3）设 $y_1 = \dfrac{1}{2}\mathrm{e}^x$，$y_2 = \sin x + \dfrac{1}{2}\mathrm{e}^x$，$y_3 = \cos x + \dfrac{1}{2}\mathrm{e}^x$ 均是 $y'' + py' + qy = f(x)$ [其中 p，q 都是常数，$f(x) \neq 0$] 的三个特解，则该方程的通解为_____ _____.

（4）已知 $y'' + py' + qy = f(x)$ [p，q 都是常数，$f(x) \neq 0$] 有特解 $y_1 = \dfrac{x}{2}$，且其对应的齐次方程 $y'' + py' + qy = 0$ 有特解，$y_2 = \mathrm{e}^{-x}\cos x$ 和 $y_3 = \mathrm{e}^{-x}\sin x$，则 $p = $ _____，$q = $ _____，$f(x) = $ _____.

（5）若 y_1^* 是 $y'' + py' + qy = f_1(x)$ 的一个特解，y_2^* 是 $y'' + py' + qy = f_2(x)$ 的一个特解，则 $y^* = $ _____ 是 $y'' + py' + qy = f_1(x) + f_2(x)$ 的一个特解.

（6）（研 2020）设 $y = y(x)$ 满足 $y'' + 2y' + y = 0$，且 $y(0) = 0$，$y'(0) = 1$，则

$$\int_0^{+\infty} y(x)\,\mathrm{d}x = \underline{\qquad\qquad}.$$

2. 求下列微分方程的通解或满足初始条件的特解：

（1）$y'' - 3y' + 2y = 0$;　　　　　（2）$y'' - 6y' + 9y = 0$;

（3）$y'' + 6y' + 13y = 0$;　　　　　（4）$y'' - 3y' + 2y = xe^x$;

（5）$y'' - 5y' + 6y = (12x - 7)e^{-x}$，且 $y|_{x=0} = 0$，$y'|_{x=0} = 0$.

3. 设二阶常系数线性微分方程 $y'' + \alpha y' + \beta y = \gamma e^x$ 的一个特解为 $y = e^{2x} + (1 + x) e^x$，试确定常数 α，β，γ，并求该方程的通解.

§9.5   差分方程简介

1. 填空题：

（1）差分方程 $y_{x+3} + 4y_{x+1} + 3y_x = 2^x$ 的阶数是_____阶.

（2）差分方程 $y_{x+2} - 3y_{x+1} = x$ 的阶数是_____阶.

（3）差分方程 $\Delta^2 y_x = y_x + 3x^2$ 的阶数是_____阶.

（4）差分方程 $y_{x+2} + 4y_x = 3$ 的阶数是_____阶.

2. 若 $x^{(n)} = x(x - 1)(x - 2) \cdots (x - n + 1)$，其中 $x^{(0)} = 1$，证明：

（1）$\Delta(x^{(n)}) = nx^{(n-1)}$；   （2）$x^3 = x^{(3)} + 3x^{(2)} + x^{(1)}$.

3. 求下列差分方程的通解或满足初始条件的特解:

(1) $2y_{x+1} + 3y_x = 0$;

(2) $2y_{x+1} + 10y_x - 5x = 0$;

(3) $y_{x+1} - 2y_x = x2^x$;

(4) $y_{x+2} - 5y_{x+1} + 6y_x = 0$;

(5) $y_{x+2} - 6y_{x+1} + 9y_x = 0$;

(6) $y_{x+2} - y_{x+1} + y_x = 0$;

（7）$y_{x+2} - 4y_{x+1} + 4y_x = 2^x$；　　　　　　　（8）$y_{x+1} + y_x = 2^x$ （$y_0 = 2$）.

§9.6　微分方程及差分方程在经济分析中的应用举例

1. 某商品的需求量 Q 对价格 P 的弹性为 $P\ln 3$，已知该商品的最大需求量为 1500（即当 $P=0$ 时，$Q=1500$）. 试求：（1）需求量 Q 对价格 P 的函数关系；（2）当 $P\to\infty$ 时，需求量是否趋于稳定？

2. 设某商品的市场价格 $P = P(t)$ 随时间 t 变动，其需求函数 $Q_d = \dfrac{a}{P^2}$，供给函数 $Q_s = bP$（$a>0$，$b>0$ 为常数），又设价格 P 随时间 t 的变化率与超额需求（$Q_d - Q_s$）成 k 倍（$k>0$ 为常数）关系，且 $P(0) = 1$. 试求：（1）需求量等于供给量的均衡价格 P_e；（2）价格函数 $P(t)$；（3）$\lim\limits_{t\to +\infty} P(t)$.

3. 设 S_t 为 t 年末存款总额，r 为年利率，有关系式 $S_{t+1} = S_t + rS_t$，且初始存款为 S_0，求 t 年末的本利和．

4. 已知某人欠有债务 2500 元，月利率为 1%，计划在 12 个月内用分期付款的方法还清债务，设 a_n 为付款 n 次后还剩欠款数．（1）写出 a_{n+1} 与 a_n 之间的关系；（2）求出 a_n；（3）使 $a_{12} = 0$ 的每月付款数 P 等于多少？

5. 设某产品在时期 t 的价格为 P_t，总供给为 S_t，总需求为 D_t，对于 $t = 0，1，2，\cdots$

有 $\begin{cases} S_t = 1 + 2P_t \\ D_t = 5 - 4P_{t-1} \\ S_t = D_t \end{cases}$，试写出价格 P_t 满足的差分方程，并求 $P_t|_{t=0} = P_0$ 时的解．

自 测 题 九

一、选择题（每小题 3 分，共 15 分）

1. 微分方程 $y'^2 + y'y''^3 + xy^4 = 0$ 的阶数是（　　）.

    A. 1　　　　　　B. 2　　　　　　C. 3　　　　　　D. 4

2. 下列方程中是一阶线性方程的是（　　）.

    A. $(y-3)\ln x\mathrm{d}x - x\mathrm{d}y = 0$　　　　B. $\dfrac{\mathrm{d}y}{\mathrm{d}x} = \dfrac{y^2}{1-2xy}$

    C. $xy' = y^2 + x^2\sin x$　　　　D. $y'' + y' - 2y = 0$

3. 方程 $y'' - 4y' + 3y = 0$ 满足初始条件 $y|_{x=0} = 6$，$y'|_{x=0} = 10$ 的特解是（　　）.

    A. $y = 3\mathrm{e}^x + \mathrm{e}^{3x}$　　　　　　B. $y = 2\mathrm{e}^x + 3\mathrm{e}^{3x}$

    C. $y = 4\mathrm{e}^x + 2\mathrm{e}^{3x}$　　　　　　D. $y = C_1\mathrm{e}^x + C_2\mathrm{e}^{3x}$

4. 在下列微分方程中，其通解为 $y = C_1\cos x + C_2\sin x$ 的是（　　）.

    A. $y'' - y' = 0$　　　　　　B. $y'' + y' = 0$

    C. $y'' + y = 0$　　　　　　D. $y'' - y = 0$

5. 求微分方程 $y'' + 3y' + 2y = x^2$ 的一个特解时，应设特解的形式为（　　）.

    A. ax^2　　　　　　B. $ax^2 + bx + c$

    C. $x(ax^2 + bx + c)$　　　　D. $x^2(ax^2 + bx + c)$

二、填空题（每小题 3 分，共 15 分）

1. 微分方程 $y'' + 4y' + 5y = 0$ 的通解是_____.

2. 以 $y = C_1 x\mathrm{e}^x + C_2\mathrm{e}^x$ 为通解的二阶常数线性齐次微分方程为_____.

3. 微分方程 $4y'' + 4y' + y = 0$ 满足初始条件 $y|_{x=0} = 2$，$y'|_{x=0} = 0$ 的特解是_____.

4. 求微分方程 $y'' + 2y' = 2x^2 - 1$ 的一个特解时，应设特解的形式为_____.

5. 已知 $y_1 = \mathrm{e}^x\cos 2x$ 及 $y_2 = \mathrm{e}^x\sin 2x$ 都是微分方程 $y'' + py' + qy = 0$ 的解，则 $p = $_____，$q = $_____.

三、求下列微分方程的通解（每小题 5 分，共 20 分）

1. $\dfrac{\mathrm{d}y}{\mathrm{d}x} = \dfrac{xy}{1+x^2}$；　　　　　　2. $y' + y = \cos x$；

3. $y'' - y' - 2y = 0$；

4. $y'' + 5y' + 4y = 3 - 2x$.

四、求下列微分方程满足所给初始条件的特解（每小题 5 分，共 20 分）

1. $\cos y \sin x \mathrm{d}x - \cos x \sin y \mathrm{d}y = 0$，$y\big|_{x=0} = \dfrac{\pi}{4}$；

2. $y'' - 5y' + 6y = 0$，$y\big|_{x=0} = 1$，$y'\big|_{x=0} = 2$；

3. $4y'' + 16y' + 15y = 4e^{-\frac{3}{2}x}$，$y\big|_{x=0} = 3$，$y'\big|_{x=0} = -\dfrac{11}{2}$；

4. $y'' + y' = x^2$，$y\big|_{x=0} = y'\big|_{x=0} = 1$.

五、（本题 10 分）求一曲线方程，该曲线通过原点，并且它在点 (x, y) 处的切线斜率等于 $2x + y$.

六、求下列差分方程的通解（每小题 5 分，共 20 分）

1. $y_{x+1} - 3y_x = -2$；

2. $y_{x+1} + y_x = 2^x$；

3. $y_{x+1} + 4y_x = 2x^2 + x - 1$；

4. $y_{x+1} + y_x = x(-1)^x$.

思 考 题 九

1. 填空题：

（1）差分方程 $y_{t+1} - y_t = t2^t$ 的通解为_____．

（2）差分方程 $2y_{t+1} + 10y_t - 5t = 0$ 的通解为_____．

（3）某公司每年的工资总额在比上一年增加 20% 的基础上再追加 200 万元，若以 W_t 表示第 t 年的工资总额（单位：百万元），则 W_t 满足的差分方程是_____．

2. 设函数 $y = y(x)$ 满足条件 $\begin{cases} y'' + 4y' + 4y = 0 \\ y(0) = 2, \ y'(0) = 4 \end{cases}$，求广义积分 $\int_0^{+\infty} y(x)\,\mathrm{d}x$．

3. 设函数 $f(x)$ 在 $[1, +\infty)$ 上连续. 若由曲线 $y = f(x)$，直线 $x = 1$，$x = t$（$t > 1$）与 x 轴所围成的平面图形绕 x 轴旋转一周所形成的旋转体的体积为 $V(t) = \dfrac{\pi}{3}[t^2 f(t) - f(1)]$．试求 $y = f(x)$ 所满足的微分方程，并求该微分方程满足条件 $y\big|_{x=2} = \dfrac{2}{9}$ 的解．

4. 设有微分方程 $y' - 2y = \varphi(x)$，其中 $\varphi(x) = \begin{cases} 2, & x < 1 \\ 0, & x > 1 \end{cases}$．试求在 $(-\infty, +\infty)$ 内的连续函数 $y = y(x)$，使之在 $(-\infty, 1)$ 和 $(1, +\infty)$ 内都满足所给方程，且满足条件

$y(0) = 0.$

5. 设 $F(x) = f(x)g(x)$，其中函数 $f(x)$，$g(x)$ 在 $(-\infty, +\infty)$ 内满足以下条件：$f'(x) = g(x)$，$g'(x) = f(x)$，且 $f(0) = 0$，$f(x) + g(x) = 2e^x$.

（1）求 $F(x)$ 所满足的一阶微分方程；

（2）求出 $F(x)$ 的表达式.

6. 设 $y = f(x)$ 是第一象限内连接点 $A(0, 1)$，$B(1, 0)$ 的一段连续曲线，$M(x, y)$ 为该曲线上任意一点，点 C 为 M 在 x 轴上的投影，O 为坐标原点. 若梯形 $OCMA$ 的面积与曲边三角形 CBM 的面积之和为 $\dfrac{x^3}{6} + \dfrac{1}{3}$，求 $f(x)$ 的表达式.

第 10 章　无 穷 级 数

§ 10.1　常数项级数

1. 填空题：

（1）若级数 $\sum\limits_{n=1}^{\infty} u_n$ 的部分和数列 $\{S_n\}$ 为 $\left\{\dfrac{2n}{2n+1}\right\}$，则 $u_n =$ _____，

$\sum\limits_{n=1}^{\infty} u_n =$ _____.

（2）$\lim\limits_{n\to\infty} u_n = 0$ 是级数 $\sum\limits_{n=1}^{\infty} u_n$ 收敛的 _____ 条件，不是级数收敛的 _____ 条件．

（3）已知级数 $\sum\limits_{n=1}^{\infty} u_n$ 收敛，其和为 A，则级数 $\sum\limits_{n=1}^{\infty} (u_n + u_{n+1})$ 的和等于 _____.

（4）级数 $\sum\limits_{n=0}^{\infty} \dfrac{(\ln 3)^n}{2^n}$ 的和为 _____.

2. 判断下列级数是否收敛，若收敛，求其和：

（1）$\sum\limits_{n=1}^{\infty} \dfrac{1}{(2n-1)(2n+1)}$；

（2）$\sum\limits_{n=1}^{\infty} \left(\dfrac{1}{2^n} + \dfrac{1}{3^n}\right)$

（3）$\sum\limits_{n=1}^{\infty} n\ln\left(1 + \dfrac{1}{n}\right)$；

（4）$\sum\limits_{n=1}^{\infty} \sin\dfrac{n\pi}{6}$；

(5) $\displaystyle\sum_{n=1}^{\infty}(\sqrt{n+1}-\sqrt{n})$;　　　　　　　　(6) $\displaystyle\sum_{n=1}^{\infty}\left(\frac{1}{4^n}+\frac{4}{n}\right)$;

3. 设银行存款的年利率为 10%, 若以年复利计息, 应在银行中一次存入多少资金来保证从存入之时起, 以后每年能从银行提取 500 万元以支付职工福利直到永远?

4. 设 $\displaystyle\lim_{n\to\infty}na_n$ 存在, 且级数 $\displaystyle\sum_{n=1}^{\infty}n(a_n-a_{n-1})$ 收敛, 证明: 级数 $\displaystyle\sum_{n=1}^{\infty}a_n$ 收敛.

§10.2 常数项级数的审敛法

1. 填空题:

(1) 若级数 $\sum\limits_{n=1}^{\infty} \dfrac{(-1)^n + a}{n}$ 收敛, 则 $a =$ _____ .

(2) 若级数 $\sum\limits_{n=1}^{\infty} u_n$ 绝对收敛, 则级数 $\sum\limits_{n=1}^{\infty} u_n$ 必定_____ .

(3) 若级数 $\sum\limits_{n=1}^{\infty} u_n$ 条件收敛, 则级数 $\sum\limits_{n=1}^{\infty} |u_n|$ 必定_____ .

(4) $\lim\limits_{n \to \infty} \dfrac{a_{n+1}}{a_n} = \rho < 1$ 是正项级数收敛的_____条件 .

(5) 已知级数 $\sum\limits_{n=1}^{\infty} (-1)^n \dfrac{1}{n^{2p}}$ 条件收敛, 则 p 的取值范围为_____ .

2. 利用比较审敛法或其极限形式判别下列级数的收敛性:

(1) $\sum\limits_{n=1}^{\infty} \dfrac{1}{2n+1}$;

(2) $\sum\limits_{n=1}^{\infty} \dfrac{1}{(n+1)(n+4)}$;

(3) $\sum\limits_{n=1}^{\infty} 2^n \sin \dfrac{1}{3^n}$.

3. 利用比值审敛法判别下列级数的收敛性：

(1) $\displaystyle\sum_{n=1}^{\infty} \frac{3^n}{n2^n}$;

(2) $\displaystyle\sum_{n=1}^{\infty} \frac{n^2}{3^n}$;

(3) $\displaystyle\sum_{n=1}^{\infty} \frac{5^n n!}{n^n}$.

4. 利用根值审敛法判别下列级数的收敛性：

(1) $\displaystyle\sum_{n=1}^{\infty} \left(\frac{n}{3n+1}\right)^n$;

(2) $\displaystyle\lim_{n\to\infty} \frac{1}{\left[\ln(1+n)\right]^n}$;

(3) $\displaystyle\sum_{n=1}^{\infty} \frac{\left(1+\dfrac{1}{n}\right)^{n^2}}{3^n}$.

5. 判别下列级数的敛散性，若收敛，指明是绝对收敛还是条件收敛：

(1) $\sum_{n=1}^{\infty} (-1)^{n-1} \dfrac{(\sin n)^2}{4^n}$;

(2) $\sum_{n=1}^{\infty} (-1)^n \dfrac{1}{\ln(1+n)}$.

6. 利用级数收敛的必要性，求证：$\lim_{n \to \infty} \dfrac{n!}{n^n} = 0$.

§10.3 幂 级 数

1. 填空题：

(1) $\sum_{n=1}^{\infty} \dfrac{x^n}{n}$ 的收敛半径 $R =$ _____，收敛域为 _____.

(2) $\sum_{n=0}^{\infty} a_n x^n$ 的收敛域为 $[-2, 2)$，则 $\sum_{n=0}^{\infty} a_n x^{2n}$ 的收敛域为 _____.

(3) $\sum_{n=0}^{\infty} a_n x^n$ 的收敛域为 $(-1, 1]$，则 $\sum_{n=0}^{\infty} a_n (x+1)^n$ 的收敛域为

_____.

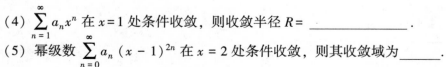

(4) $\sum_{n=1}^{\infty} a_n x^n$ 在 $x=1$ 处条件收敛，则收敛半径 $R =$ _____.

(5) 幂级数 $\sum_{n=0}^{\infty} a_n (x-1)^{2n}$ 在 $x=2$ 处条件收敛，则其收敛域为 _____.

(6) $\sum_{n=1}^{\infty} (x-1)^n$ 的和函数为 _____，收敛域为 _____.

(7) 设 $f(x) = \sum_{n=1}^{\infty} \dfrac{n}{4^n} x^n$，则 $f(x)$ 在 $x=3$ 处 _____阶可导.

2. 求下列幂级数的收敛半径和收敛域：

（1）$\displaystyle\sum_{n=1}^{\infty} n^2 x^n$；

（2）$\displaystyle\sum_{n=1}^{\infty} \frac{x^n}{n3^n}$；

（3）$\displaystyle\sum_{n=1}^{\infty} (-1)^n \frac{x^{2n+1}}{2n+1}$；

（4）$\displaystyle\sum_{n=1}^{\infty} \frac{(x-5)^n}{\sqrt{n}}$．

3. 求下列幂级数的收敛域及和函数：

（1）$\displaystyle\sum_{n=1}^{\infty} \frac{x^{4n+1}}{4n+1}$；

（2）$\displaystyle\sum_{n=1}^{\infty} nx^n$；

$(3) \displaystyle\sum_{n=1}^{\infty} \frac{x^{n+1}}{n(n+1)}.$

§10.4 函数展开成幂级数

1. 填空题:

$(1) f(x) = e^x$ 展开成麦克劳林级数为 _____ ,其中 x 应满足

_____ .

$(2) f(x) = \dfrac{1}{1+x}$ 展开成麦克劳林级数为 _____ ,其中 x 应满足

_____ .

$(3) f(x) = \ln(1+x)$ 展开成麦克劳林级数为 _____ ,其中 x 应满足

_____ .

$(4) f(x) = \sin x$ 展开成麦克劳林级数为 _____ ,其中 x 应满足

_____ .

2. 将下列函数展开成 x 的幂级数,并求展开式成立的区间:

$(1) y = \ln(10 + x)$;

$(2) y = (1 + x) e^x$;

（3）$y = \dfrac{1}{2x^2 - 3x + 1}$.

3. 将函数 $f(x) = \dfrac{1}{x}$ 展开成 $(x-3)$ 的幂级数.

4. 将函数 $f(x) = \dfrac{x-1}{4-x}$ 在 $x_0 = -1$ 处展开成泰勒级数，并求 $f^{(n)}(1)$.

§10.5　函数的幂级数展开式的应用

1. 计算 ln3（误差不超过 0.0001）.

2. 计算 $\int_0^{0.5} \dfrac{1}{1+x^4}\mathrm{d}x$（误差不超过 0.0001）.

3. 利用欧拉公式将函数 $e^x\cos x$ 展开成 x 的幂级数.

4. 利用函数的幂级数展开式求极限 $\lim\limits_{n\to 0}\dfrac{\cos x - \mathrm{e}^{\frac{x^2}{2}}}{x^2\left[x + \ln(1 - x)\right]}$.

自 测 题 十

一、填空题（每小题 3 分，共 15 分）

1. 部分和数列 $\{S_n\}$ 有界是正项级数 $\sum\limits_{n=1}^{\infty} a_n$ 收敛的＿＿＿＿＿＿＿＿条件.

2. 级数 $\sum\limits_{n=1}^{\infty}\dfrac{(-1)^{n-1}}{n^{\alpha}}$ 绝对收敛，则 α 的取值范围是＿＿＿＿＿＿＿＿.

3. 幂级数 $\sum\limits_{n=1}^{\infty}\dfrac{1}{n(2^n + 3^n)}x^n$ 的收敛半径为＿＿＿＿＿＿＿＿.

4. 设幂级数 $\sum\limits_{n=1}^{\infty} a_n x^n$ 的收敛半径为 3，则幂级数 $\sum\limits_{n=1}^{\infty} na_n(x - 1)^{n-1}$ 的收敛半径为

＿＿＿＿＿＿＿＿.

5. $\displaystyle\int_0^1\left[1 - \dfrac{x}{1!} + \dfrac{x^2}{2!} - \dfrac{x^3}{3!} + \cdots + \dfrac{(-1)^n}{n!}x^n + \cdots\right]\mathrm{e}^{2x}\,\mathrm{d}x = $＿＿＿＿＿＿＿＿

＿＿＿＿＿＿＿＿.

二、选择题（每小题 3 分，共 15 分）

1. 关于无穷级数 $\sum\limits_{n=1}^{\infty} a_n$ 的下列说法，正确的是（　　）.

A. $\lim\limits_{n\to\infty} a_n = 0$ 是级数 $\sum\limits_{n=1}^{\infty} a_n$ 收敛的充要条件

B. 若 $\sum\limits_{n=1}^{\infty} a_n$ 收敛，则一般项数列 $\{a_n\}$ 必定单调递减且 $\lim\limits_{n\to\infty} a_n = 0$

C. 若 $\sum\limits_{n=1}^{\infty} a_n$ 收敛，则 $\sum\limits_{n=1}^{\infty}(a_{3n-2} + a_{3n-1} + a_{3n})$ 必收敛

D. 若 $\sum\limits_{n=1}^{\infty}(a_{2n-1}+a_{2n})$ 收敛，则 $\sum\limits_{n=1}^{\infty}a_n$ 必收敛

2. 关于无穷级数 $\sum\limits_{n=1}^{\infty}a_n$ 的下列说法，正确的是（　　）.

A. 若 $\sum\limits_{n=1}^{\infty}(a_n+a_{n+1})$ 收敛，则 $\sum\limits_{n=1}^{\infty}a_n$ 必收敛

B. 若 $\sum\limits_{n=1}^{\infty}a_n$ 收敛，则 $\sum\limits_{n=1}^{\infty}(a_n+a_{n+1})$ 必收敛

C. 若 $\sum\limits_{n=1}^{\infty}a_n$ 收敛，则 $\sum\limits_{n=1}^{\infty}a_{n+3}$ 可能发散

D. 若 $\sum\limits_{n=1}^{\infty}a_n$ 发散，则 $\sum\limits_{n=1}^{\infty}a_{n+3}$ 可能收敛

3. 级数 $\sum\limits_{n=1}^{\infty}(-1)^n\left(1-\cos\dfrac{a}{n}\right)$ $(a>0)$（　　）.

A. 发散　　　　　　B. 条件收敛　　　　　C. 绝对收敛　　　　　D. 收敛性与 a 有关

4. 已知级数 $\sum\limits_{n=1}^{\infty}a_nx^{2n+1}$ 的系数满足 $\lim\limits_{n\to\infty}\left|\dfrac{a_{n+1}}{a_n}\right|=2$，则该级数的收敛半径为（　　）.

A. 2　　　　　　B. $\dfrac{1}{2}$　　　　　　C. $\dfrac{\sqrt{2}}{2}$　　　　　　D. $\sqrt{2}$

5. 如果 $f(x)$ 能展开成 x 的幂级数，那么该幂级数（　　）.
A. 是 $f(x)$ 的麦克劳林级数　　　　　　　B. 不一定是 $f(x)$ 的麦克劳林级数
C. 不是 $f(x)$ 的麦克劳林级数　　　　　　D. 是 $f(x)$ 在点 x_0 处的泰勒级数

三、判断下列级数的收敛性（每小题 5 分，共 30 分）

1. $\sum\limits_{n=1}^{\infty}(-1)^{n-1}\dfrac{1}{1+n}$;　　　　　　　2. $\sum\limits_{n=1}^{\infty}\dfrac{2n-1}{3n+2}$;

3. $\displaystyle\sum_{n=1}^{\infty} \ln\left(1 + \frac{1}{n}\right)$;

4. $\displaystyle\sum_{n=1}^{\infty} \frac{2^{n^2}}{n!}$;

5. $\displaystyle\sum_{n=2}^{\infty} \frac{1}{n^2 \ln n}$;

6. $\displaystyle\sum_{n=1}^{\infty} (-1)^{n+1} \frac{n^3}{2^n}$.

四、求下列幂级数的收敛半径和收敛域 （每小题 5 分，共 10 分）

1. $\displaystyle\sum_{n=1}^{\infty} (-1)^n \frac{2^n}{\sqrt{n}} x^n$;

2. $\displaystyle\sum_{n=1}^{\infty} n(x+1)^n$.

五、(本题 10 分) 求幂级数 $\sum\limits_{n=1}^{\infty} \dfrac{2n-1}{2^n} x^{2n-2}$ 的收敛域及和函数.

六、解答题 (每小题 10 分，共 20 分)

1. 判别 $\sum\limits_{n=1}^{\infty} (-1)^{n-1}(\sqrt{n+1} - \sqrt{n})$ 的敛散性，若收敛，指明是绝对收敛还是条件收敛.

2. 将 $f(x) = \ln(1 + x + x^2 + x^3)$ 展开成 x 的幂级数.

思 考 题 十

1. 填空题：

(1) 若级数 $\sum\limits_{n=1}^{\infty} \dfrac{(-2)^{n-1} + 6^n \cdot a}{6^n n}$ 收敛，则 $a = $ _____.

(2) 级数 $\sum\limits_{n=1}^{\infty} \left[\dfrac{1}{n} - \ln\left(1 + \dfrac{1}{n}\right) \right]$ _____. (填收敛或者发散)

(3) 幂级数 $\sum\limits_{n=1}^{\infty} \dfrac{1}{n(2^n + 3^n)} x^n$ 的收敛域为_____.

2. 选择题：

（1）设常数 $\lambda > 0$，且级数 $\sum\limits_{n=1}^{\infty} a_n^2$ 收敛，则级数 $\sum\limits_{n=1}^{\infty} (-1)^n \dfrac{|a_n|}{\sqrt{n^2+\lambda}}$（   ）.

    A. 发散　　　　　B. 条件收敛　　　　C. 绝对收敛　　　　D. 收敛性与 λ 有关

（2）设 $u_n = (-1)^n \ln\left(1 + \dfrac{1}{\sqrt{n}}\right)$，则级数（   ）.

    A. $\sum\limits_{n=1}^{\infty} u_n$ 与 $\sum\limits_{n=1}^{\infty} u_n^2$ 都收敛　　　　　　B. $\sum\limits_{n=1}^{\infty} u_n$ 与 $\sum\limits_{n=1}^{\infty} u_n^2$ 都发散

    C. $\sum\limits_{n=1}^{\infty} u_n$ 收敛，而 $\sum\limits_{n=1}^{\infty} u_n^2$ 发散　　　　D. $\sum\limits_{n=1}^{\infty} u_n$ 发散，而 $\sum\limits_{n=1}^{\infty} u_n^2$ 收敛

（3）级数 $\sum\limits_{n=1}^{\infty} (-1)^n \left(1 - \cos\dfrac{a}{n}\right)$ $(a>0)$（   ）.

    A. 发散　　　　　B. 条件收敛　　　　C. 绝对收敛　　　　D. 收敛性与 a 有关

3. 设 $a_n = \int_0^{\frac{\pi}{4}} \tan^n x \, \mathrm{d}x$.　（1）求 $\sum\limits_{n=1}^{\infty} \dfrac{1}{n}(a_n + a_{n+2})$ 的值；（2）试证：对任意的常数 $\lambda > 0$，级数 $\sum\limits_{n=1}^{\infty} \dfrac{a_n}{n^\lambda}$ 收敛.

4. 判别下列正项级数的敛散性：

（1）$\sum\limits_{n=1}^{\infty} \int_n^{n+1} \mathrm{e}^{\sqrt{x}} \, \mathrm{d}x$ ；　　　　　　　　　（2）$\sum\limits_{n=1}^{\infty} \left[\dfrac{(2n-1)!!}{2n!!}\right]^3$ ；

（3）$\sum\limits_{n=2}^{\infty} \dfrac{1}{n^p \ln n}$.

5. 判断级数 $\sum\limits_{n=1}^{\infty} \sin\left[\left(3+\sqrt{5}\right)^n \pi\right]$ 的敛散性. 若收敛，是绝对收敛还是条件收敛？

6. 求 $\dfrac{1+\dfrac{\pi^4}{5!}+\dfrac{\pi^8}{9!}+\dfrac{\pi^{12}}{13!}+\cdots}{\dfrac{1}{3!}+\dfrac{\pi^4}{7!}+\dfrac{\pi^8}{11!}+\dfrac{\pi^{12}}{15!}+\cdots}$ 的值.

7. 求级数 $\displaystyle\sum_{n=1}^{+\infty} \frac{n+2}{n!+(n+1)!+(n+2)!}$ 的值.

8. 展开 $\dfrac{\mathrm{d}}{\mathrm{d}x}\left(\dfrac{\mathrm{e}^x-1}{x}\right)$ 为 x 的幂级数，并求和.

9. 设在 $(-1,\,1]$ 中，$s(x)=\displaystyle\sum_{n=1}^{\infty}(-1)^{n-1}\frac{x^{n+1}}{n(n+1)}$，求 $\displaystyle\int_0^1 s(x)\,\mathrm{d}x$.

10. 求幂级数 $\displaystyle\sum_{n=1}^{\infty}(-1)^{n-1}\dfrac{x^{2n-1}}{4^{2n}(2n-1)!}$ 的收敛域及和函数 $s(x)$，再将 $s(x)$ 展开为

$(x-1)$ 的幂级数，并求展开后的幂级数的收敛域．

11. 设有两条抛物线 $y=nx^2+\dfrac{1}{n}$ 和 $y=(n+1)x^2+\dfrac{1}{n+1}$，记它们交点的横坐标的绝

对值为 a．求：

（1）这两条抛物线所围成的平面图形的面积 S_n；

（2）级数 $\displaystyle\sum_{n=1}^{\infty}\dfrac{S_n}{a_n}$ 的和．

第 11 章　多元函数微积分

§11.1　空间解析几何简介

1. 填空题：

(1) 已知点 $A(1, 2, 3)$，$B(-3, -4, 5)$，$C(0, 0, 1)$，$D(1, 1, 0)$，$E(1, 0, 0)$，则点 A 在第_____卦限，点 B 在第_____卦限，点_____在 xOy 平面上，点_____在 z 轴上，点_____既在 xOy 平面，又在 xOz 平面上．

(2) 点 A $(1, 2, 3)$ 在 xOy 坐标面上的投影点的坐标是_____，到 xOy 坐标面的距离是_____；在 x 轴上的投影点的坐标是_____，到 x 轴的距离是_____．

(3) 点 P $(3, 4, 5)$ 关于 xOy 坐标平面的对称点是_____，关于 yOz 坐标平面的对称点是_____，关于 x 轴的对称点是_____，关于 y 轴的对称点是_____，关于原点的对称点是_____．

2. 在 yOz 坐标平面上，求与三点 $A(3, 1, 2)$，$B(4, -2, -2)$，$C(0, 5, 1)$ 等距离的点．

3. 一动点与两定点 $(2, 3, 1)$ 和 $(4, 5, 6)$ 等距离，求此动点的轨迹方程．

4. 求以点 $(1, 3, -2)$ 为球心, 且通过坐标原点的球面方程.

§11.2 多元函数

1. 填空题:

(1) 设 $z = \sqrt{y - \sqrt{x}}$, 其定义域为_____.

(2) 若 $f\left(x + y, \dfrac{y}{x}\right) = x^2 - y^2$, 则 $f(x, y) =$_____.

(3) 设 $z = x + y + f(x - y)$, 且当 $y = 0$ 时, $z = x^2$, 则_____.

(4) 设 $f(x, y) = x^2 + y^2$, $g(x, y) = x^2 - y^2$, 则 $f[g(x, y), y^2] =$
_____.

(5) 设 $z = \dfrac{\arcsin(x^2 + y^2)}{\sqrt{y - \sqrt{x}}}$, 其定义域为_____.

2. 计算下列极限:

(1) $\displaystyle\lim_{(x, y)\to(0, 0)} \frac{2 - \sqrt{xy + 4}}{xy}$;

(2) $\displaystyle\lim_{(x, y)\to(0, 0)} \left(x\sin\frac{1}{y} + y\cos\frac{1}{x}\right)$;

(3) $\displaystyle\lim_{(x, y)\to(2, 0)} \frac{x^2 + xy + y^2}{x + y}$;

(4) $\displaystyle\lim_{(x, y)\to(0, 0)} \frac{1 - \cos\sqrt{x^2 + y^2}}{\ln(x^2 + y^2 + 1)}$;

(5) $\lim\limits_{(x,\,y)\to(0,\,1)}(1+xy)^{\frac{1}{x}}$.

3. 证明：极限 $\lim\limits_{(x,\,y)\to(0,\,0)}\dfrac{x+y}{x-y}$ 不存在．

§11.3　偏　导　数

1. 填空题：

(1) 若 $\dfrac{\partial f}{\partial x}$、$\dfrac{\partial f}{\partial y}$ 都存在，则 $\lim\limits_{n\to\infty}n\left[f\left(x+\dfrac{1}{n},\,y\right)-f(x,\,y)\right]=$ ＿＿＿＿＿＿＿．

(2) u 为 $(x,\,y)$ 的二元函数，如果 $\dfrac{\partial u}{\partial x}=0$，则 u 实际上只依赖于变量＿＿＿＿＿＿．

(3) 设 $f(x,\,y)=x^2\arctan y-y^2\arctan\dfrac{x}{y}$，则 $\dfrac{\partial f}{\partial x}\bigg|_{(0,\,y)}=$ ＿＿＿＿＿＿．

(4) 设 $f(x,\,y)=\begin{cases}\dfrac{\sin(x^2 y)}{xy}, & xy\neq 0 \\ 0, & xy=0\end{cases}$，则 $f_x(0,\,1)=$ ＿＿＿＿＿＿．

(5) 设 $f(x,\,y)=x+(y-1)\arcsin\sqrt{\dfrac{x}{y}}$，则 $f_x(x,\,1)=$ ＿＿＿＿＿＿．

2. 求下列函数的偏导数：

（1）$z = x^3 y - x y^3$；   （2）$z = \sqrt{\ln(xy)}$；

（3）$z = x + \sin(x^2 y)$；   （4）$u = \tan \dfrac{2x + y^2}{z}$.

3. 求下列函数的二阶偏导数：

（1）$z = x^4 + y^4 - 4x^2 y^2$；   （2）$z = \arctan \dfrac{y}{x}$

4. 设 $f(x,\ y,\ z) = xy^2 + yz^2 + zx^2$，求 $f_{xx}(0,\ 0,\ 1)$，$f_{xz}(1,\ 0,\ 2)$，$f_{yz}(0,\ -1,\ 0)$ 及 $f_{zzx}(2,\ 0,\ 1)$.

5. 若 $pV = KT$，其中 $k > 0$ 为常数，求证：$\dfrac{\partial p}{\partial T} \cdot \dfrac{\partial T}{\partial V} \cdot \dfrac{\partial V}{\partial p} = -1$.

6. （研 2014）已知函数 $f(x,\ y)$ 满足 $\dfrac{\partial f}{\partial y} = 2(y + 1)$，且 $f(y,\ y) = (y + 1)^2 - (2 - y)\ln y$，求曲线 $f(x,\ y) = 0$ 所围成的图形绕直线 $y = -1$ 旋转所成的旋转体的体积.

§11.4　全　微　分

1. 填空题：

（1）设 $z = e^x \ln(1 + y)$，则 d$z = $ _____ .

（2）若 $u(x,\ y,\ z) = \dfrac{x^2}{6} + \dfrac{y^2}{12} + \dfrac{z^2}{18} - 1$，则 $\mathrm{d}u \Big|_{\substack{x = 1 \\ y = 1 \\ z = 1}} = $ _____ .

（3）$u\mathrm{d}v + v\mathrm{d}u = \mathrm{d}(\underline{\quad\quad})$.

（4）$f(x,\ y)$ 在点 $(x,\ y)$ 处可微是 $f(x,\ y)$ 在该点连续的 _____ 条件.

（5）（研 2020）设 $z = \arctan[xy + \sin(x + y)]$，则 $\mathrm{d}z \big|_{(0,\ \pi)} = $ _____ .

（6）（研 2017）设函数 $f(x, y)$ 具有一阶连续偏导数，且 $\mathrm{d}f(x, y) = y\mathrm{e}^y\mathrm{d}x + x(1 + y)\mathrm{e}^y\mathrm{d}y$，$f(0, 0) = 0$，则 $f(x, y) = $＿＿＿＿．

2. 求下列函数的全微分：

（1）设 $z = (1 + x)^y$，求 $\mathrm{d}z$.

（2）$z = \ln(1 + x^2 + y^2)$ 在 $x = 1$，$y = 2$ 处的全微分．

（3）已知函数 $z = \arctan \dfrac{x}{1 + y^2}$，求 $\mathrm{d}z \Big|_{\substack{x = 1 \\ y = 1}}$ 的值．

3. 当 $x = 2$，$y = 1$，$\Delta x = 0.1$，$\Delta y = -0.2$ 时，求函数 $z = \dfrac{y}{x}$ 的全增量和全微分．

§11.5　多元复合函数的求导法则

1. 填空题：

（1）设 $u = f(x, xy, x + y)$，则 u 是＿＿＿＿元函数，f 是＿＿＿＿元函数．

（2）设 $f(x, y)$ 是可微函数，且 $f(x, 2x) = x$，$f'_1(x, 2x) = x^2$，则 $f'_2(x, 2x) =$ _____.

（3）设 $z = z(x, y)$ 是由方程 $x^2 + y^2 + z^2 = 4z$ 所确定的隐函数，则 $\dfrac{\partial z}{\partial x} =$ _____.

（4）设函数 $f(u)$ 可导，$z = f(\sin y - \sin x) + xy$，则 $\dfrac{1}{\cos x} \cdot \dfrac{\partial z}{\partial x} + \dfrac{1}{\cos y} \cdot \dfrac{\partial z}{\partial y} =$ _____.

（5）（研 2019）设函数 $f(u)$ 可导，$z = yf\left(\dfrac{y^2}{x}\right)$，那么 $2x\dfrac{\partial z}{\partial x} + y\dfrac{\partial z}{\partial y} =$ _____.

2. 设 $z = e^{x-2y}$，而 $x = \sin t$，$y = t^3$，求 $\dfrac{dz}{dt}$.

3. 设 $z = u^2 \ln v$，而 $u = \dfrac{x}{y}$，$v = 3x - 2y$，求 $\dfrac{\partial z}{\partial y}$.

4. 设 $z = f(x, y, t) = x^2 - y^2 + t$，$x = \sin t$，$y = \cos t$，求 $\dfrac{dz}{dt}$.

5. 设 f 具有一阶连续的偏导数，$u = f(x^2 - y^2, \ \mathrm{e}^{xy})$，求 $\dfrac{\partial u}{\partial x}$，$\dfrac{\partial u}{\partial y}$.

6. 求下列函数的二阶偏导数（其中 f 具有二阶连续偏导数）：

（1）$z = f(x^2 - y^2)$，求 $\dfrac{\partial^2 z}{\partial y^2}$；

（2）（研 2017）$y = f(\mathrm{e}^x, \ \cos x)$，求 $\dfrac{\mathrm{d}^2 y}{\mathrm{d}x^2}\bigg|_{x = 0}$.

7. 设 $y = y(x)$ 是由方程 $\sin y + \mathrm{e}^x - xy^2 = 0$ 所确定的一元隐函数，试求 $\dfrac{\mathrm{d}y}{\mathrm{d}x}$.

8. 设 $\begin{cases} x + y + z = 0 \\ x^2 + y^2 + z^2 = 1 \end{cases}$，求 $\dfrac{\mathrm{d}x}{\mathrm{d}z}$ 及 $\dfrac{\mathrm{d}y}{\mathrm{d}z}$.

9. 设 $2\sin(x + 2y - 3z) = x + 2y - 3z$，证明：$\dfrac{\partial z}{\partial x} + \dfrac{\partial z}{\partial y} = 1$.

10.（研 2019）已知函数 $u(x, y)$ 满足关系式 $2\dfrac{\partial^2 u}{\partial x^2} - 2\dfrac{\partial^2 u}{\partial y^2} + 3\dfrac{\partial u}{\partial y} = 0$. 求 a，b 的值，使得在变换 $u(x, y) = v(x, y)\mathrm{e}^{ax+by}$ 之下，上述等式可化为函数 $v(x, y)$ 的不含一阶偏导数的等式.

§11.6　多元函数的极值与最值

1. 填空题：

（1）$f(x, y) = x^2 - 4xy + 5y^2 - 1$，驻点为_____，此时 $A =$ _____ ，$B =$ _____ ，$C =$ _____ ，$AC - B^2 =$ _____ ，它 _____ （是，不是）极值点，是极 _____ （大，小）值点，_____ （是，不是）最值点.

（2）斜边长为 l 的一切直角三角形中最大周长为_____.

（3）函数 $z = x^2 + y^2$ 在闭区域 $x^2 + 4y^2 \leqslant 4$ 上的最小值为_____ ，最大值为

——————.

2. 求函数 $z = x^3 - y^3 - 3xy$ 的极值.

3. （研 2017）已知函数 $y(x)$ 由方程 $x^3 + y^3 - 3x + 3y - 2 = 0$ 确定，求 $y(x)$ 的极值.

4. 求函数 $f(x, y) = x^2 + 2y^2 - x^2 y^2$ 在区域 $D\{(x, y) \mid x^2 + y^2 \leqslant 4, y \geqslant 0\}$ 上的最大值和最小值.

5. （研 2013）求曲线 $x^3 - xy + y^3 = 1$ $(x \geq 0,\ y \geq 0)$ 上的点到坐标原点的最长距离和最短距离.

6. 某公司可通过电台及报纸两种方式做销售某商品的广告. 根据统计资料，销售收入 R（万元）与电台广告费用 x_1（万元）及报纸广告费用 x_2（万元）之间的关系有如下的经验公式：$R = 15 + 14x_1 + 32x_2 - 8x_1x_2 - 2x_1^2 - 10x_2^2$.

（1）在广告费用不限的情况下，求最优广告策略；

（2）若提供的广告费用为 1.5 万元，求相应的最优广告策略.

7. 设生产某种产品需要投入两种要素，x_1 和 x_2 分别为两要素的投入量，Q 为产出量；若生产函数为 $Q = 2x_1^{\alpha}x_2^{\beta}$，其中 α、β 为正常数，且 $\alpha + \beta = 1$. 假设两种要素的价格分别为 P_1、P_2. 当产出量为 12 时，两种要素各投入多少可以使得投入总费用最小？

§11.7　二重积分（Ⅰ）

1. 填空题

（1）曲面 $z = x^2 + 2y^2$ 及 $z = 6 - 2x^2 - y^2$ 所围成的立体记为 Ω，则 Ω 在 xOy 平面的投影区域 D 为 ＿＿＿＿＿＿＿ ，Ω 的体积用二重积分可表示为 ＿＿＿＿ ．

（2）$\displaystyle\iint\limits_{\frac{x^2}{4}+\frac{y^2}{9}\leqslant 1} d\sigma = $ ＿＿＿＿＿＿＿＿＿＿＿＿．

（3）由二重积分的几何意义，$\displaystyle\iint\limits_{x^2+y^2\leqslant 1} \sqrt{1-x^2-y^2}\,d\sigma = $ ＿＿＿＿＿＿＿＿＿＿．

2. 利用积分的估值不等式估计下列积分的值：

（1）$I = \displaystyle\iint\limits_{D} xy(x^2 + y^2)\,dxdy$，其中 D 为正方形：$0 \leqslant x \leqslant 1$，$0 \leqslant y \leqslant 1$；

（2）$J = \displaystyle\iint\limits_{D}(x^2 + y^2 - 1)\,dxdy$，其中 D 为椭圆：$x^2 + 4y^2 \leqslant 4$．

3. 计算下列二重积分：

（1）$\displaystyle\iint\limits_{D} x^3 e^y\,d\sigma$，$D$ 为区域：$0 \leqslant x \leqslant 1$，$0 \leqslant y \leqslant 1$；

(2) $\iint\limits_{D}(3x+2y)\mathrm{d}\sigma$，$D$ 为两坐标轴与直线 $x+y=1$ 围成的闭区域；

(3) $\iint\limits_{D}(1+x)y\mathrm{d}\sigma$，$D$ 是顶点分别为 $(0,0)$，$(1,0)$，$(1,2)$，$(0,1)$ 的梯形；

(4) $\iint\limits_{D}\sqrt{y}\,\mathrm{d}\sigma$，$D$ 是两条抛物线 $y=\sqrt{x}$，$y=x^2$ 围成的闭区域；

(5) $\iint\limits_{D}xy^2\mathrm{d}\sigma$，$D$ 是圆周 $x^2+y^2=4$ 与 y 轴围成的右半圆域；

(6) $\iint\limits_{D} |y^2 - x| \mathrm{d}\sigma$, D 为 $-1 \leqslant x \leqslant 1$, $0 \leqslant y \leqslant 1$ 围成的区域.

4. 如果二重积分 $\iint\limits_{D} f(x, y)\mathrm{d}x\mathrm{d}y$ 的被积函数 $f(x, y)$ 是两个函数 $f_1(x)$ 及 $f_2(y)$ 的乘积，即 $f(x, y) = f_1(x)f_2(y)$，积分区域 $D = \{(x, y) | a \leqslant x \leqslant b, c \leqslant y \leqslant d\}$，证明：这个二重积分等于两个单积分的乘积，即 $\iint\limits_{D} f_1(x) \cdot f_2(y)\mathrm{d}x\mathrm{d}y = \left[\int_a^b f_1(x)\mathrm{d}x\right]\left[\int_c^d f_2(y)\mathrm{d}y\right]$.

§11.8　二重积分（Ⅱ）

1. 填空题：

(1) 交换二次积分 $\int_0^1 \mathrm{d}x \int_x^1 f(x, y)\mathrm{d}y$ 的次序后为 _____ .

(2) 把积分 $\iint\limits_{x^2+y^2 \leqslant R^2} f(x, y)\mathrm{d}x\mathrm{d}y$ 化为极坐标系下的二次积分为 _____ .

(3) 记 $I = \int_0^1 \mathrm{d}x \int_{x^2}^x \dfrac{1}{\sqrt{x^2 + y^2}}\mathrm{d}y$，则 $I =$ _____ .

(4)（研 2020）积分 $\int_0^1 \mathrm{d}y \int_{\sqrt{y}}^1 \sqrt{x^3 + 1}\,\mathrm{d}x =$ _____ .

（5）交换积分次序：

$$\int_0^2 \mathrm{d}x \int_0^{\frac{x^2}{2}} f(x,\ y)\,\mathrm{d}y + \int_2^{2\sqrt{2}} \mathrm{d}x \int_0^{\sqrt{8-x^2}} f(x,\ y)\,\mathrm{d}y = \underline{\qquad\qquad\qquad}.$$

2. 设 D 是半径为 R 的圆盘：$x^2 + y^2 \leqslant R^2$，利用极坐标计算下列二重积分：

（1）$\displaystyle\iint\limits_D \sqrt{R^2 - x^2 - y^2}\,\mathrm{d}\sigma$；　　　　　　　　（2）$\displaystyle\iint\limits_D \mathrm{e}^{x^2+y^2}\,\mathrm{d}\sigma$.

3. 选用适当的坐标计算下列二重积分：

（1）D 由 $y = x$，$y^2 = x$ 围成，计算 $\displaystyle\iint\limits_D (x^2 + y^2)\,\mathrm{d}\sigma$；

（2）$D = \left\{ (x,\ y) \mid \sqrt{2x - x^2} \leqslant y \leqslant \sqrt{4 - x^2} \right\}$，计算 $\displaystyle\iint\limits_D (x^2 + y^2)\,\mathrm{d}\sigma$.

4. 计算二次积分 $I = \int_0^2 dx \int_0^{\sqrt{2x-x^2}} (x^2 + y^2) dy$ 的值.

5. 利用极坐标的面积公式 $A = \dfrac{1}{2} \int_\alpha^\beta \rho^2(\theta) d\theta$ 求下列极坐标曲线围成的面积:

(1) $\rho = 2a\cos\theta$;   (2) $\rho = 2a(2 + \cos\theta)$.

6. 计算二次积分 $I = \int_1^2 dx \int_{\sqrt{x}}^{x} \sin\dfrac{\pi x}{2y} dy + \int_2^4 dx \int_{\sqrt{x}}^{2} \sin\dfrac{\pi x}{2y} dy$ 的值.

自测题十一

一、填空题 (每小题 3 分,共 15 分)

1. 方程 $z = x^2 + \dfrac{y^2}{9}$ 表示的曲面是_____.

2. 设函数 $z = y\sin(xy) + (1 - y)\arctan\sqrt{x} + e^{-2y}$，则 $\left.\dfrac{\partial z}{\partial x}\right|_{(1, 0)} = $ _____.

3. 设 $z = \ln(1 + x^2 + y^2)$，则 $\mathrm{d}z|_{(2,1)} = $ _____.

4. 设 $f(x, y)$ 具有连续偏导数，且当 $x \neq 0$ 时有 $f(x, x^2) = 1$，$f'_x(x, x^2) = x$，则 $f'_y(x, x^2) = $ _____.

5. 设 $f(x, y)$ 连续，且 $f(x, y) = xy + \displaystyle\iint_D f(u, v)\,\mathrm{d}u\mathrm{d}v$，其中 D 是由

$y = 0$，$y = x^2$，$x = 1$ 所围区域，则 $f(x, y) = $ _____，

二、选择题（每小题 3 分，共 15 分）

1. 函数 $f(x, y) = \begin{cases} \dfrac{2xy}{x^2 + y^2}, & x^2 + y^2 \neq 0 \\ 0, & x^2 + y^2 = 0 \end{cases}$ 在 $(0, 0)$ 点（　　　）.

  A. 连续   B. 偏导数存在   C. 可微   D. 以上答案都不对

2. 函数 $z = \arcsin\dfrac{1}{x^2 + y^2} + \sqrt{1 - x^2 - y^2}$ 的定义域为（　　　）.

  A. 圆周   B. 圆域   C. 空集   D. 一个点

3. 设 $z = \arctan[xy + \sin(x + y)]$，则 $\mathrm{d}z|_{(0, \pi)} = $（　　　）.

  A. $(\pi-1)\mathrm{d}x - \mathrm{d}y$ B. $(\pi+1)\mathrm{d}x + \mathrm{d}y$

  C. $(\pi+1)\mathrm{d}x - \mathrm{d}y$ D. $(\pi-1)\mathrm{d}x + \mathrm{d}y$

4. $f(x, y) = \sqrt{x^2 + y^2}$，则下列命题错误的是（　　　）.

  A. $(0, 0)$ 是最小值点   B. $(0, 0)$ 是极值点

  C. $(0, 0)$ 是驻点   D. $(0, 0)$ 是偏导不存在的点

5. 设 D 是由 xOy 平面内三点 $(1, 1)$，$(-1, 1)$ 和 $(-1, -1)$ 为顶点的

三角形区域，D_1 是第一象限部分，则 $\displaystyle\iint_D (xy + \cos x\sin y)\,\mathrm{d}x\mathrm{d}y$ 等于（　　　）.

  A. $4\displaystyle\iint_{D_1}(xy + \cos x\sin y)\,\mathrm{d}x\mathrm{d}y$ B. $2\displaystyle\iint_{D_1} xy\,\mathrm{d}x\mathrm{d}y$

  C. $2\displaystyle\iint_{D_1}\cos x\sin y\,\mathrm{d}x\mathrm{d}y$ D. 0

三、计算题（每小题 8 分，共 40 分）

1. 求极限 $\displaystyle\lim_{(x, y)\to(1, 0)}\dfrac{\ln(x + e^y)}{\sqrt{x^2 + y^2}}$.

2. 求下列函数的偏导数：

（1）$z = x\sin(x + y) + \cos^2(xy)$； （2）$z = (1 + xy)^y$.

3. 设 $z = xf\left(\dfrac{y}{x}\right) + yg\left(x, \dfrac{x}{y}\right)$，其中 f, g 均为二阶可微函数，求 $\dfrac{\partial^2 z}{\partial x \partial y}$.

4. 已知 $\ln\sqrt{x^2 + y^2} = \arctan\dfrac{y}{x}$，求 $\dfrac{\mathrm{d}y}{\mathrm{d}x}$.

5. 求函数 $z = \mathrm{e}^{-\frac{y}{x}}$ 的全微分.

四、解答题（每小题 10 分，共 20 分）

1. 求 $\displaystyle\iint_D \frac{1}{\sqrt{x^2+y^2}}\arctan\frac{y}{x}\,\mathrm{d}\sigma$，其中 D：$1\leqslant x^2+y^2\leqslant 9$，$0\leqslant y\leqslant x$.

2. 求 $z=x^2+y^2+5$ 在条件 $y=1-x$ 下的极值.

五、证明题（本题 10 分）设 $F(u,v)$ 具有连续偏导数，$z=z(x,y)$ 由方程 $F(cx-az,cy-bz)=0$ 确定，证明：$a\dfrac{\partial z}{\partial x}+b\dfrac{\partial z}{\partial y}=c$.

思考题十一

1. 填空或选择题：

（1）设 $F(x,y)$ 具有二阶连续偏导数，$F(x_0,y_0)=0$，$F'_x(x_0,y_0)=0$，$F'_y(x_0,y_0)>0$. 若 $y=y(x)$ 是由方程 $F(x,y)=0$ 所确定的在点 (x_0,y_0) 附近的隐函数，则 x_0 是 $y=y(x)$ 的极小值点的一个充分条件为（　　）.

　　A. $F''_{xx}(x_0,y_0)>0$ 　　　　　　　　　　B. $F''_{xx}(x_0,y_0)<0$

C. $F''_{yy}(x_0, y_0) > 0$ $\qquad\qquad\qquad$ D. $F''_{yy}(x_0, y_0) < 0$

（2）设函数 f 和 g 都可微，$u = f(x, xy)$，$v = g(x + xy)$，则 $\dfrac{\partial u}{\partial x} \cdot \dfrac{\partial v}{\partial x} = $ _____．

（3）已知 $\dfrac{x}{z} = \varphi\left(\dfrac{y}{z}\right)$，其中 φ 为可微函数，则 $x\dfrac{\partial z}{\partial x} + y\dfrac{\partial z}{\partial y} = $ _____．

（4）设 $f(x, y)$ 连续，且 $f(x, y) = xy + \iint\limits_{D} f(u, v)\,\mathrm{d}u\mathrm{d}v$，其中 D 是由 $y = 0$，$y = x^2$，$x = 1$ 所围区域，则 $f(x, y) = $ _____．

（5）积分 $\displaystyle\int_0^2 \mathrm{d}x \int_x^2 \mathrm{e}^{-y^2}\mathrm{d}y = $ _____．

2. 设函数 $u(x, y)$ 的所有二阶偏导数都连续，$\dfrac{\partial^2 u}{\partial x^2} = \dfrac{\partial^2 u}{\partial y^2}$ 且 $u(x, 2x) = x$，$u'_1(x, 2x) = x^2$，求 $u''_{11}(x, 2x)$．

3. 在具有已知周长 $2p$ 的三角形中，怎样的三角形的面积最大？

4. 求函数 $z = x^2 + y^2$ 在区域 $D\colon x^2 + y^2 - 2\sqrt{2}x - 2\sqrt{2}y \leqslant 5$ 上的最大值与最小值．

5. 设函数 $f(x, y)$ 在点 $(1, 1)$ 处可微，$f(1, 1) = 1$，$\left.\dfrac{\partial f}{\partial x}\right|_{(1, 1)} = 2$，$\left.\dfrac{\partial f}{\partial y}\right|_{(1, 1)} = 3$，$\varphi(x) = f(x, f(x, x))$，求 $\left.\dfrac{\mathrm{d}}{\mathrm{d}x}\varphi^3(x)\right|_{x=1}$.

6. （研 2018）将长为 2m 的钢丝分成三段，依次围成圆、正方形与正三角形，三个图形的面积之和是否存在最小值？若存在，求出最小值.

7. 求 $\displaystyle\iint\limits_{D}\left(\sqrt{x^2 + y^2} + y\right)\mathrm{d}\sigma$，其中 D 是由圆 $x^2 + y^2 = 4$ 和 $(x + 1)^2 + y^2 = 1$ 所围成的平面区域.

8. 设函数 $f(x)$ 在 $[0, 1]$ 上连续且 $\displaystyle\int_0^1 f(x)\,\mathrm{d}x = A$，求 $\displaystyle\int_0^1 \mathrm{d}x \int_x^1 f(x)f(y)\,\mathrm{d}y$.

9. 求二重积分 $\iint\limits_{D} \max\{xy, 1\}\,\mathrm{d}x\mathrm{d}y$ ，其中 $D = \{(x, y)\,|\,0 \leqslant x \leqslant 2,\ 0 \leqslant y \leqslant 2\}$.

10. 设 $D = \{(x, y)\,|\,x^2 + y^2 \leqslant \sqrt{2},\ x \geqslant 0,\ y \geqslant 0\}$ ， $[1 + x^2 + y^2]$ 表示不超过 $1 + x^2 + y^2$ 的最大整数 . 计算二重积分 $\iint\limits_{D} xy\,[1 + x^2 + y^2]\,\mathrm{d}x\mathrm{d}y$.

11. 计算二重积分 $\iint\limits_{D}\sqrt{y^2 - xy}\,\mathrm{d}x\mathrm{d}y$ ，其中 D 是由直线 $y = x$ ， $y = 1$ ， $x = 0$ 所围成的平面区域 .

12. （研 2016）已知 $f(x)$ 在 $\left[0, \dfrac{3\pi}{2}\right]$ 上连续，在 $\left(0, \dfrac{3\pi}{2}\right)$ 内是函数 $\dfrac{\cos x}{2x - 3\pi}$ 的一个原函数 $f(0) = 0$.

（1）求 $f(x)$ 在区间 $\left[0, \dfrac{3\pi}{2}\right]$ 上的平均值；

（2）证明 $f(x)$ 在区间 $\left(0, \dfrac{3\pi}{2}\right)$ 内存在唯一零点 .

期 末 试 卷

第一学期期末考试试卷（A）

一、填空题（每小题 3 分，共 15 分）

1. 函数 $y = x\ln(x+1) + \sqrt{8-x}$ 的定义域为 _____ .

2. $\lim\limits_{x \to 0}(1+6x)^{\frac{1}{x}} =$ _____ .

3. 已知 $F(x) = \int_0^{3x} e^{-t^2}\mathrm{d}t$ ，则 $F'(x) =$ _____ .

4. 设 $y = x^2\cos x$ ，则 $\mathrm{d}y =$ _____ .

5. $\int_{-3}^{3}(2x + \sqrt{9-x^2})\,\mathrm{d}x =$ _____ .

二、选择题（每小题 3 分，共 15 分）

6. 设 $\int f(x)\mathrm{d}x = x^2 e^{2x} + C$ ，则 $f(x) = ($ $)$.

    A. $2xe^{2x}$ B. $2x^2 e^{2x}$ C. $2xe^{2x}(1+x)$ D. xe^{2x}

7. $x=0$ 是 $f(x) = \begin{cases} \dfrac{1-\cos x}{x^2}, & x \neq 0 \\ 0, & x = 0 \end{cases}$ 的（   ）.

    A. 跳跃间断点   B. 可去间断点

    C. 振荡间断点   D. 连续点

8. $\lim\limits_{x \to 0} \dfrac{2 - \sqrt{x+4}}{x} = ($ $)$.

    A. 0   B. 1   C. $-\dfrac{1}{4}$ D. ∞

9. 曲线 $y = \dfrac{4x-1}{(x-2)^2}$ （   ）.

    A. 只有水平渐近线   B. 只有垂直渐近线

    C. 没有渐近线   D. 有水平渐近线和垂直渐近线

10. 曲线 $y = x + x^{\frac{5}{3}}$ 在区间（   ）内是凹弧 .

    A. $(0, +\infty)$ B. $(-\infty, 0)$ C. $(-\infty, +\infty)$ D. 以上都不对

三、计算题 （每小题 8 分，共 48 分）

11. 求极限：

（1）$\lim\limits_{x \to 0} \dfrac{e^x - e^{-x}}{\sin x}$ ；

（2）$\lim\limits_{x \to 0} (\cos x)^{\frac{1}{x^2}}$.

12. 计算不定积分 $\int x\sin 2x \, dx$.

13. 设 $y = f(x)$ 是方程 $\sin y + e^x - xy^2 = 0$ 确定的隐函数，求 $\dfrac{dy}{dx}$.

14. 求函数 $y = x^4 - 2x^2 + 2$ 的单调区间和极值．

15. 计算广义积分 $\displaystyle\int_1^{+\infty} \dfrac{1}{x(1 + \ln^2 x)} dx$.

16. 设 $\begin{cases} x = \cos t + t\sin t \\ y = \sin t - t\cos t \end{cases}$ 确定函数 $y = y(x)$，求 $\dfrac{dy}{dx}\Big|_{t=\frac{\pi}{4}}$.

四、应用题（每小题 8 分，共 16 分）

17. 欲做一个底为正方形，容积为 108m^3 的长方体开口容器，问底面正方形的边长和高分别为多少时，用料能最省？

18. 求曲线 $y = x - e^{-x}$ 上点 $(0, -1)$ 处的切线方程.

五、证明题（本题 6 分）

19. 证明：当 $x > 0$ 时，$\ln(1 + x) > x - \dfrac{x^2}{2}$.

第一学期期末考试试卷（B）

一、填空题（每小题 3 分，共 15 分）

1. 极限 $\lim\limits_{x \to 0} (1 + 2x)^{\frac{1}{x}} = $ ＿＿＿＿＿＿＿＿ .

2. 已知 $y = \cos x$，则 $y^{(10)} = $ ＿＿＿＿＿＿＿ .

3. 设 $y = 2^x$，则 $dy = $ ＿＿＿＿＿＿ .

4. $\displaystyle\int \dfrac{1 + x\cos x}{x} dx = $ ＿＿＿＿＿＿＿＿ .

5. 已知 $\displaystyle\int_1^x f(t)\, dt = \dfrac{e^x}{x}$，则 $f(x) = $ ＿＿＿＿＿＿＿ .

二、选择题（每小题 3 分，共 15 分）

6. 下列各对函数中，相同的是（　　　）.

　　A. $y = \sqrt{x}$ 与 $y = x$　　　　　　　　　B. $y = \sin^2 x + \cos^2 x$ 与 $y = 1$

　　C. $y = \ln x^2$ 与 $y = 2\ln x$　　　　　　　D. $y = \dfrac{x^2 - 9}{x - 3}$ 与 $y = x + 3$

7. 当 $x \to 0$ 时，$e^{2x} - 1$ 与 x 相比是（　　　）.

　　A. 高阶无穷小　　　　　　　　　　　B. 低阶无穷小

　　C. 等价无穷小　　　　　　　　　　　D. 同阶但不等价无穷小

8. 设函数 $f(x) = \begin{cases} \ln(1 + x), & x \geqslant 0 \\ x^2, & x < 0 \end{cases}$，则 $f(x)$ 在点 $x = 0$ 处（　　　）.

　　A. 左导数存在，右导数不存在

B. 左导数不存在，右导数存在

C. 左、右导数都存在，但不相等

D. 左、右导数都不存在

9. 设 $f(x) = (x-1)(x-2)(x-3)(x-4)$，方程 $f'(x) = 0$（　　）.

A. 有四个实根，分别为 1，2，3，4

B. 有三个实根，分别位于（1，2），（2，3），（3，4）之内

C. 有两个实根，分别位于（2，3），（3，4）之内

D. 有一个实根，位于（2，3）之内

10. 下列广义积分收敛的是（　　）.

A. $\displaystyle\int_1^{+\infty} e^{-x} dx$　　　　　B. $\displaystyle\int_1^{+\infty} \frac{1}{x} dx$　　　　　C. $\displaystyle\int_1^{+\infty} \sin x dx$　　　　　D. $\displaystyle\int_e^{+\infty} \frac{1}{x\ln x} dx$

三、计算题（每小题 8 分，共 48 分）

11. $\displaystyle\lim_{x\to 0} \frac{x - \ln(1+x)}{x^2}$.

12. 设函数 $f(x) = \begin{cases} \dfrac{\sin 3x}{x}, & x < 0 \\ a, & x = 0 \\ x\sin\dfrac{1}{x} + b, & x > 0 \end{cases}$，求 a，b 的值，使 $f(x)$ 在 $(-\infty, +\infty)$ 上连续.

13. 设 $y = \cos^2 x + x\sin 2x$ ，求 y' ，$y''|_{x=0}$.

14. 求曲线 $y = xe^{2x}$ 的凹凸区间及拐点.

15. $\int x\arctan x\mathrm{d}x$.

16. $\int_0^1 \dfrac{1}{\sqrt{x} + 2}\mathrm{d}x$.

四、应用题（每小题 8 分，共 16 分）

17. 求椭圆 $\dfrac{x^2}{16} + \dfrac{y^2}{9} = 1$ 在点 $\left(2, \dfrac{3\sqrt{3}}{2}\right)$ 处的切线方程.

18. 某地产公司有 50 套公寓要出租，租金定为每月每套 1800 元时，可全部租出去；租金每增加 100 元时，就会有一套租不出去，同时租出去的房子公司需每月每套花 200 元的维护费，试求租金每月每套定为多少时可获得最大收入？

五、证明题（本题 6 分）

19. 当 $b > a > 0$ 时，证明：$\dfrac{b-a}{b} < \ln\dfrac{b}{a} < \dfrac{b-a}{a}$.

第一学期期末考试试卷（C）

一、填空题（每小题 3 分，共 15 分）

1. $f(x) = x^2 - x$，$g(x) = \sin 2x$，则 $f[g(x)] = $ _____ .

2. $\lim\limits_{x \to \infty} \left(1 + \dfrac{1}{3x}\right)^x = $ _____ .

3. 设 $y = e^2 + \arctan\sqrt{x}$，则 $dy = $ _____ .

4. 点 $\left(1, \dfrac{1}{2}\right)$ 为曲线 $y = \dfrac{1}{4}x^3 + ax^2 + bx + 1$ 的拐点，则 $a = $ _____，$b = $ _____ .

5. $\lim\limits_{x \to 0} \dfrac{\displaystyle\int_0^x \sqrt{1+x^2}\, dx}{x} = $ _____ .

二、选择题（每小题 3 分，共 15 分）

6. 函数 $y = 1 + \cos x$ 是（   ）.

     A. 无界函数   B. 有界函数   C. 单调减小函数   D. 单调增大函数

7. 函数 $y = \begin{cases} x\sin\dfrac{1}{x}, & x \neq 0 \\ 0, & x = 0 \end{cases}$ 在点 $x = 0$ 处是（   ）.

     A. 不连续   B. 连续但不可导   C. 不连续但可导   D. 连续且可导

8. 当 $x \to \infty$ 时，若 $\dfrac{1}{ax^2 + bx + c} \sim \dfrac{1}{-x+1}$，则 a，b，c 之值一定为（   ）.

     A. a，b，c 为任意常数   B. $a = 0$，b，c 为任意常数

     C. $a = 0$，$b = -1$，c 为任意常数   D. $a = 0$，$b = -1$，$c = 1$

9. 函数 $f(x) = x^3 + 2x$ 在区间 $[0, 1]$ 上满足拉格朗日定理的条件，其在（0，1）内拉格朗日中值定理中的 $\xi = $（   ）.

     A. $\dfrac{1}{2}$ B. $\dfrac{1}{\sqrt{2}}$ C. $\dfrac{1}{3}$ D. $\dfrac{1}{\sqrt{3}}$

10. 下列广义积分收敛的是（   ）.

     A. $\displaystyle\int_{-1}^{1} \dfrac{1}{\sqrt{1-x^2}}\, dx$ B. $\displaystyle\int_{1}^{+\infty} e^x\, dx$ C. $\displaystyle\int_{-1}^{1} \dfrac{1}{\sin x}\, dx$ D. $\displaystyle\int_{1}^{+\infty} \sin x\, dx$

三、计算题（每小题 8 分，共 48 分）

11. $\lim\limits_{x \to 0} \dfrac{e^x - e^{-x} - 2x}{x - \sin x}$.

12. 设 $y = x^2 \ln x$ ，求 y' ， y'' ， $y''(1)$.

13. 设 $y = y(x)$ 是由方程 $\mathrm{e}^{xy} + y^2 = \cos x$ 确定的，求 $\dfrac{\mathrm{d}y}{\mathrm{d}x}$.

14. 求函数 $f(x) = x - \dfrac{3}{2} x^{\frac{2}{3}}$ 的单调区间和极值 .

15. 计算不定积分 $\displaystyle\int \mathrm{e}^{\sqrt{x+1}} \mathrm{d}x$.

16. 计算定积分 $\int_0^\pi \sqrt{\sin x - \sin^3 x}\, \mathrm{d}x$.

四、应用题（每小题 8 分，共 16 分）

17. 已知曲线 L 的参数方程为 $\begin{cases} x = 3(t - \sin t) \\ y = 3(1 - \cos t) \end{cases}$ ，求曲线 L 在 $t = \dfrac{\pi}{2}$ 处的切线方程 .

18. 把一根长度为 C 的铁丝截成两段，其中一段折成正方形框架，另一段弯成圆周 . 当正方形的边长、圆周的半径分别为多少时，可使围成的正方形和圆的面积之和达到最小？

五、证明题 （本题 6 分）

19. 求证：方程 $\sin x + x + 1 = 0$ 在 $\left(-\dfrac{\pi}{2},\ \dfrac{\pi}{2}\right)$ 内至少有一个实根.

第二学期期末考试试卷 （A）

一、填空题 （每小题 3 分，共 15 分)

1. 设 $f(x,\ y) = x^2 + y^2$，$g(x,\ y) = x^2 + y^2$，则 $f(g(x,\ y),\ y^2) = $ _____ .

2. 设二元函数 $z = x^2 y + y^2$，则全微分 $\mathrm{d}z = $ _____ .

3. 差分方程 $y_{x+1} - 3y_x = 0$ 的通解为_____ .

4. 若级数 $\displaystyle\sum_{n=1}^{\infty} |a_n|$ 收敛，则级数 $\displaystyle\sum_{n=1}^{\infty} a_n$ 必定_____ . （填"收敛"或"发散"）

5. 函数 $f(x) = e^{2x}$ 展开成麦克劳林级数为_____ .

二、单选题 （每小题 3 分，共 15 分)

6. 设某商品的需求价格弹性函数为 $\varepsilon_{DP} = \dfrac{P}{17 - 2P}$. 在 $P = 5$ 时，若价格上涨 1%，总收益是 （　　）.

　　A. 增加　　　　　B. 减少　　　　　C. 不增不减　　　　D. 不确定

7. 级数 $\displaystyle\sum_{n=1}^{\infty} (-1)^n \dfrac{1}{n^3}$ 是 （　　） 级数.

　　A. 发散　　　　　B. 条件收敛　　　　C. 绝对收敛　　　　D. 不能确定

8. 设 $e^z - xyz = 0$，则 $\dfrac{\partial z}{\partial x} = $ （　　　）.

A. $\dfrac{yz}{e^z - xy}$ B. $\dfrac{yz}{xy - e^z}$ C. $\dfrac{xz}{xy - e^z}$ D. $\dfrac{xz}{e^z - xy}$

9. 设区域 D：$x^2 + y^2 \leqslant 1$，f 是连续函数，则 $\iint\limits_{D} f(\sqrt{x^2 + y^2}) \mathrm{d}x\mathrm{d}y = ($ $)$.

     A. $4\pi \displaystyle\int_0^1 \rho f(\rho) \mathrm{d}\rho$ B. $2\pi \displaystyle\int_0^1 \rho f(\rho) \mathrm{d}\rho$

     C. $2\pi \displaystyle\int_0^1 f(\rho^2) \mathrm{d}\rho$ D. $4\pi \displaystyle\int_0^\rho \rho f(\rho) \mathrm{d}\rho$

10. 设 $y_1 = xe^x + e^{2x}$，$y_2 = xe^x + e^{-x}$，$y_3 = xe^x + e^{2x} - e^{-x}$ 是二阶常系数非齐次线性微分方程的特解，则该微分方程的通解为（   ）.

     A. $C_1 e^x + C_2 e^{2x} + e^{-x}$ B. $C_1 e^x + C_2 e^{-x} + e^{2x}$

     C. $C_1 e^{2x} + C_2 e^{-x} + xe^x$ D. $C_1 e^{2x} - C_1 e^{-x} + xe^x$

三、计算题（每小题 7 分，共 42 分）

11. 设函数 $z = e^{\sin x} \cos y$，求偏导数 $\left.\dfrac{\partial z}{\partial x}\right|_{(0,0)}$ 与 $\left.\dfrac{\partial z}{\partial y}\right|_{(0,0)}$ 的值.

12. 设函数 $z = x\ln(x + y)$，求 $\dfrac{\partial z}{\partial x}$，$\dfrac{\partial z}{\partial y}$ 与 $\dfrac{\partial^2 z}{\partial x \partial y}$.

13. 求微分方程 $\dfrac{\mathrm{d}y}{\mathrm{d}x} - \dfrac{2y}{x+1} = (x+1)^3$ 的通解.

14. 求函数 $f(x, y) = x^2 - xy + y^2 + 9x - 6y + 20$ 的极值.

15. 求幂级数 $\displaystyle\sum_{n=1}^{\infty} \dfrac{x^{n+1}}{(n+1)n}$ 的收敛半径和收敛域.

16. 计算二重积分 $\displaystyle\iint\limits_{D} xy^2 \mathrm{d}\sigma$，其中 D 是由抛物线 $y^2 = 2x$ 和直线 $x = \dfrac{1}{2}$ 围成的区域.

四、应用题（每小题 10 分，共 20 分）

17. 已知在区间 $\left[0,\dfrac{\pi}{2}\right]$ 上，曲线 $y=\sin x$ 与直线 $x=\dfrac{\pi}{2}$ 及 $y=0$ 围成了区域 D. 求解：

（1）区域 D 的面积；（2）区域 D 绕 x 轴旋转所得的旋转体的体积.

18. 设生产某种产品的数量与所用两种原料 A，B 的数量 x，y 间有关系式 $P(x,y)=0.005x^2y$. 现欲用 150 元购料，已知 A，B 原料的单价分别为 1 元、2 元，购进两种原料各多少，可使生产的数量最多？

五、证明题（本题 8 分）

19. 设 $T=2\pi\sqrt{\dfrac{l}{g}}$，求证：$l\dfrac{\partial T}{\partial l}+g\dfrac{\partial T}{\partial g}=0$.

第二学期期末考试试卷（B）

一、填空题（每小题 3 分，共 15 分）

1. 求 $\lim\limits_{(x, y)\to(1, 1)} \dfrac{\ln(1 + xy)}{\sin xy}$ = _____.

2. 某商品的需求价格函数为 $D = e^{-\frac{p}{5}}$，当 $p = 6$ 时，价格上涨 1%，则需求量 _____（增加或减少）_____（变化幅度）.

3. 差分方程 $y_{x+1} + y_x = 0$ 的通解为_____.

4. $\dfrac{1}{4x + 3}$ 展开成 x 的幂级数为_____.

5. 改变积分次序 $\int_0^1 \mathrm{d}x \int_x^{\sqrt{x}} f(x, y)\,\mathrm{d}y$ = _____.

二、选择题（每小题 3 分，共 15 分）

6. 设某商品在 500 元的价格水平下的需求价格弹性 $\varepsilon_{DP} = 0.16$，它说明价格在 500 元的基础上上涨了 1% 时，需求量将下降（   ）.

    A. 0.16%　　　　　B. 16%　　　　　C. 0.16　　　　　D. 16

7. 下列级数中发散的是（   ）.

    A. $\sum\limits_{n=1}^{\infty} 2^n \sin\dfrac{1}{3^n}$　　　B. $\sum\limits_{n=1}^{\infty} \dfrac{1}{n(n+1)}$　　　C. $\sum\limits_{n=1}^{\infty} (-1)^n \dfrac{1}{\sqrt{n}}$　　　D. $\sum\limits_{n=1}^{\infty} \left(\dfrac{3n+2}{2n+1}\right)^n$

8. $\lim\limits_{(x, y)\to(0, 0)} \left(x\sin\dfrac{1}{y} + y\cos\dfrac{1}{x}\right)$ 的值为（   ）.

    A. 不存在　　　　　B. 0　　　　　C. 1　　　　　D. 2

9. 以 $y = c_1 e^{2x} + c_2 e^{-3x}$ 为通解的二阶线性常系数齐次微分方程为（   ）.

    A. $y'' - y' - 6y = 0$　　　　　　　　B. $y'' + y' + 6y = 0$

    C. $y'' - y' + 6y = 0$　　　　　　　　D. $y'' + y' - 6y = 0$

10. 设 $z = f(e^x \sin y, x^2 + y^2)$，其中 f 具有二阶连续偏导数，则 $\dfrac{\partial z}{\partial x}$ =（   ）.

    A. $e^x \sin y f_1 + 2x f_2$　　　　　　　　B. $e^x \cos y f_1 + 2x f_2$

    C. $e^x \sin y f_1 + 2xy f_2$　　　　　　　D. $e^x \sin y f_1 + 2xy^2 f_2$

三、计算题（每小题 7 分，共 49 分）

11. 已知方程 $z^x = x^2 yz$，求 $\dfrac{\partial z}{\partial x}$.

12. 求函数 $f(x, y) = x^2 + 5y^2 - 6x + 10y + 2xy + 6$ 的极值.

13. 求微分方程 $y(x^2 + 1)y' = y^2 + 1$ 满足初始条件 $y(0) = 0$ 的特解.

14. 求微分方程 $y'' + 4y' + 4y = x^2 - 2x + 3$ 的通解.

15. 求幂级数 $\displaystyle\sum_{n=1}^{\infty} (-1)^n \frac{x^n}{\sqrt[3]{n+4}}$ 的收敛半径和收敛域.

16. 计算二重积分 $\iint\limits_{D}\dfrac{y}{x+1}\mathrm{d}\sigma$，其中 D 是由抛物线 $y=x^2+1$ 和直线 $y=2x$ 及 $x=0$ 围成的区域.

17. 计算二重积分 $\iint\limits_{D}\dfrac{\sin\sqrt{x^2+y^2}}{\sqrt{x^2+y^2}}\mathrm{d}x\mathrm{d}y$，其中 D 是圆环形闭区域：$\pi^2 \leqslant x^2+y^2 \leqslant 4\pi^2$ 在第一象限的部分.

四、应用题（每小题 8 分，共 16 分）

18. 设 D 是由曲线 $x=y^2$ 及直线 $y=2x$ 所围成的平面区域，求：（1）区域 D 的面积；（2）D 绕 x 轴旋转一周所得旋转体的体积.

19. 已知商家销售某种商品的价格满足 $P=6-0.25Q$，Q 为销售量（单位：吨），P 为价格（单位：万元），商品的成本函数为 $C(Q)=2Q+3$（单位：万元）. 现在每销售 1 吨商品，政府征税 t 万元（$0<t<4$）. 求：（1）商家获最大利润时的销售量；（2）t 为何值时，政府税收总额最大？

五、证明题（本题 5 分）

20. 利用级数收敛的必要性，证明：$\lim\limits_{n \to \infty} \dfrac{2^n n!}{n^n} = 0.$

第二学期期末考试试卷 （C）

一、填空题（每小题 3 分，共 15 分）

1. 级数 $\sum\limits_{n=1}^{\infty} \dfrac{3n+2}{n^2-n+5}$ 的敛散性为＿＿＿＿＿＿＿＿．

2. 差分方程 $y_{x+1} - \dfrac{3}{2} y_x = 0$ 的通解是＿＿＿＿＿＿＿＿＿＿＿．

3. 已知 $f(u, v)$ 有二阶连续偏导数且 $z = f(x\sin y,\ x^2 y)$，则 $\dfrac{\partial z}{\partial x} = $＿＿＿＿＿＿＿＿＿＿．

4. 某商品需求函数为 $D = 30 - \dfrac{P}{2}$，则当价格 $P = 2$ 时的需求价格弹性函数为 $\varepsilon_{DP} = $
＿＿＿＿＿＿＿＿．

5. 设 $f(x, y)$ 为连续函数，$\displaystyle\int_{-1}^{1} dx \int_{0}^{\sqrt{1-x^2}} f(x, y)\,dy$ 可写成极坐标系下的二次积分为
＿＿＿＿＿＿＿＿．

二、选择题（每小题 3 分，共 15 分）

6. 设 $f(x, y) = \begin{cases} 1, & xy = 0 \\ 0, & xy \neq 0 \end{cases}$，则 $f(x, y)$ 在点 $(0, 0)$ 处（　　　）．

　A. 偏导数存在，函数不连续　　　　　　B. 偏导数不存在，函数连续

　C. 偏导数存在，函数连续　　　　　　　D. 偏导数不存在，函数不连续

7. $\lim\limits_{(x,\ y)\to(0,\ 0)}\dfrac{2\sin(x^3+y^3)}{x^3+y^3}$ 的值为 （　　　）.

    A. 不存在　　　　　　　B. 0　　　　　　　C. 3　　　　　　D. 2

8. 设 $f(x,\ y)$ 是连续函数，则 $\int_0^1 \mathrm{d}x \int_x^1 f(x,\ y)\mathrm{d}y=$（　　　）.

    A. $\int_0^1 \mathrm{d}y \int_y^1 f(x,\ y)\mathrm{d}x$　　　　　　　　B. $\int_0^1 \mathrm{d}x \int_0^x f(x,\ y)\mathrm{d}y$

    C. $\int_0^1 \mathrm{d}y \int_0^y f(x,\ y)\mathrm{d}x$　　　　　　　　D. $\int_0^1 \mathrm{d}y \int_1^y f(x,\ y)\mathrm{d}x$

9. 级数 $\sum\limits_{n=1}^{\infty}\dfrac{\cos n\pi}{n\sqrt{n}}$ 是 （　　　）.

    A. 条件收敛　　　　　　　　　　　B. 绝对收敛

    C. 发散　　　　　　　　　　　　　D. 无法确定敛散性

10. 方程 $y''+6y'+9y=2(x+1)\mathrm{e}^{-3x}$ 具有特解 （　　　　）。

    A. $y=ax+b$　　　　　　　　　　B. $y=(ax+b)\mathrm{e}^{-3x}$

    C. $y=(ax^2+bx)\mathrm{e}^{-3x}$　　　　　D. $y=(ax^3+bx^2)\mathrm{e}^{-3x}$

三、计算题 （每小题 7 分，共 63 分）

11. 已知 $\cos z=x-2y+3z$ 所确定的隐函数为 $z=z(x,\ y)$，求：

（1）偏导数 $\dfrac{\partial z}{\partial x}$，$\dfrac{\partial z}{\partial y}$；

（2）在点 $(3,\ 1,\ 0)$ 处的全微分 $\mathrm{d}z$.

12. 求 $\iint\limits_{D}\cos(x+y)\mathrm{d}x\mathrm{d}y$，其中 D 是由直线 $y=x$，$x=0$，$y=\pi$ 围成的平面区域.

13. 已知微分方程 $xy \dfrac{\mathrm{d}y}{\mathrm{d}x} = x^2 + y^2$，求此方程在满足初始条件 $y(\mathrm{e}) = 2\mathrm{e}$ 的特解.

14. 求 $\displaystyle\sum_{n=0}^{\infty} (n+1)x^n$ 的收敛域以及和函数 $s(x)$.

15. 设 $z = y\sin(x + 2y)$，求 $\dfrac{\partial z}{\partial x}$，$\dfrac{\partial^2 z}{\partial x \partial y}$.

16. 求函数 $f(x, y) = x^2(1 + y^2) + \mathrm{e}^y - y$ 的极值.

17. 求第一象限内由 x 轴、曲线 $y^2 = 3x$ 以及直线 $x = 3$ 所围成的平面图形绕 x 轴旋转一周所得旋转体的体积.

18. 将 $f(x) = \dfrac{1}{x^2 + 3x + 2}$ 展开成 $x + 4$ 的幂级数.

19. 某企业为生产甲、乙两种型号的产品，投入的总成本函数为 $C(x, y) = 10000 + 20x + \dfrac{x^2}{4} + 6y + \dfrac{y^2}{2}$（万元），其中 x（件）和 y（件）分别为该企业生产甲、乙两种产品的产量。当总产量为 50 件时，甲、乙两种产品的产量各为多少时能够使总成本最小？并求最小成本.

四、证明题（本题 7 分）

20. 利用级数收敛的必要条件，证明：$\lim\limits_{n \to \infty} \dfrac{n!}{n^n} = 0$.

参考答案和提示

第1章 函数与 Mathematica 入门

§1.1 §1.2 集合、函数

1. (1) $\left\{ (x,y) \mid x^2 + \dfrac{y^2}{9} > 1 \right\}$; (2) $\{(0,0),(1,1)\}$; (3) $(a - \varepsilon, a) \cup (a, a + \varepsilon)$;

(4) $(-1, 0) \cup (0, 5]$; (5) $-\dfrac{2}{3}\left(2x + \dfrac{1}{x}\right)$; (6) $[1, \mathrm{e}]$; (7) 1;

(8) $\arcsin(1 - x^2)$, $[-\sqrt{2}, \sqrt{2}]$.

2. $A \cup B = (3, +\infty)$, $A \cap B = (4, 5)$, $A - B = (3, 4]$.

3. $a = 1$, $b = 2$.

4. (1) $y = \sqrt{t}$, $t = \ln u$, $u = \sqrt{x}$; (2) $y = \mathrm{e}^u$, $u = x\ln x$.

5. $g[f(x)] = \begin{cases} 2 + x, & x \geqslant 0 \\ x^2 + 2, & x < 0 \end{cases}$.

6. $f(x) = 3x + \ln x$ 在 $(0, +\infty)$ 上单调增大.

7. $y = 1 + \tan \pi x$ 是周期函数, 周期为 π.

8. (1) $f^{-1}(x) = \log_3 \dfrac{x}{x-1}$, $x \in (-\infty, 0) \cup (1, +\infty)$; (2) $f^{-1}(x) = \dfrac{1}{2}(10^x + 10^{-x})$, $x \in \mathbf{R}.$

9. 提示: 把 x 换成 $\dfrac{1}{x}$.

10. (1) $C(x) = \begin{cases} 0.64x, & 0 < x \leqslant 4.5 \\ 3.2x - 11.52, & x > 4.5 \end{cases}$; (2) $C(3.5) = 2.24$, $C(4.5) = 2.88$, $C(5.5) = 6.08$.

11. $C(x) = \begin{cases} 6x, & x \leqslant 200 \\ 4x + 400, & 200 < x \leqslant 500. \\ 3x + 900, & x > 500 \end{cases}$

§1.3 经济中常用的函数

1. (1) PQ; (2) 280; (3) 200; (4) 27; (5) $R = -0.5x^2 + 4x$.

2. $C = b + aq$, $q \in [0, m]$, $C_A = a + \dfrac{b}{q}$, $L = R - C = pq - b - aq$, $q_0 = \dfrac{b}{p-a}$.

3. (1) $Q = 60 - 3P$; (2) $R = PQ = P(60 - 3P)$; (3) 当 $Q = 30$ 时, 总收益 R 最大.

4. $P = 0.11Q^{-0.4}$, $P(12) = 0.041$, $P(15) \approx 0.037$, $P(20) \approx 0.033$, $R = PQ = 0.11Q^{0.6}$, $R(12) \approx 0.489$, $R(15) \approx 0.558$, $R(20) \approx 0.664$.

5. $C(x) = 60x$; $R(x) = \begin{cases} 100x, & x \leqslant 200 \\ 95x + 1000, & x > 200 \end{cases}$; $L(x) = \begin{cases} 40x, & x \leqslant 200 \\ 35x + 1000, & x > 200 \end{cases}$.

第 2 章　极限与连续

§2.1　极限（Ⅰ）

1.（1）必要，充分；（2）0，0，0；（3）0，3.

2. 略.

3. $I = 0 \ (0 \leqslant a < 1)$；$I = \dfrac{1}{2} \ (a = 1)$；$I = 1 \ (a > 1)$.

4、5、6. 提示：用定义.

§2.1　极限（Ⅱ）

1.（1）24；（2）0；（3）0；（4）$\dfrac{1}{2}$；（5）e，$-2a + b$，b，1，1；（6）$\leqslant$；（7）既非充分也非必要

2. 略.

3. 不存在.

4.（1）1；（2）$\dfrac{2}{3}$；（3）$\dfrac{1}{2}$.

5.（1）-1；（2）1；（3）$\dfrac{1}{4}$；（4）0.

6. 提示：用定义.

§2.2　极限运算法则（Ⅰ）

1.（1）$\dfrac{1}{3}$；（2）-2；（3）0；（4）2；（5）-3；（6）2.

2.（1）0；（2）1；（3）$\dfrac{1}{2}$；（4）2；（5）$-\dfrac{2}{3}$；（6）-3；（7）$\dfrac{1}{2}$；（8）$\dfrac{1}{3}$；（9）-2；
（10）1；（11）0；（12）$\dfrac{3}{2}$；（13）$\left(\dfrac{3}{2}\right)^{1000}$；（14）0；（15）0；（16）0.

3. $\lim\limits_{x \to 0^+} f(x) = \lim\limits_{x \to 0^-} f(x) = 5$，$\lim\limits_{x \to 0} f(x) = 5$.

4. $a = 1$，$b = -1$.

5. $f(x) = -x$.

§2.2　极限运算法则（Ⅱ）

1.（1）x；（2）0；（3）e^4；（4）$-\dfrac{3}{2}$；（5）1.

2.（1）1；（2）$\dfrac{3}{5}$；（3）$-\dfrac{1}{8}$；（4）$-\sin a$.

3.（1）$e^{-\frac{1}{2}}$；（2）e^3；（3）$e^{\frac{1}{2}}$；（4）e^{10}.

4. 提示：（1）、（2）夹逼准则；（3）单调有界准则.

§2.3　无穷小比较（Ⅰ）

1.（1）∞，1；（2）不存在；（3）在 $x \to x_0$ 时的无穷小；（4）$-\infty$，$+\infty$，0，$+\infty$，∞.

◆ 2. 提示：用定义.

3. 提示：分别取 $x = \dfrac{1}{2k\pi}$ 和 $x = \dfrac{1}{k\pi + \dfrac{\pi}{2}}$.

§2.3　无穷小比较（Ⅱ）

1.（1）-1，∞；（2）高阶；（3）同阶；（4）低阶；（5）高阶；（6）0，1，任意常数；（7）1，3；（8）x，x，x，x，$\dfrac{1}{2}x^2$，$\dfrac{1}{2}x^3$，$\dfrac{1}{n}x$.

2.（1）$\dfrac{n}{m}$；（2）$\dfrac{1}{6}$；（3）$\dfrac{1}{2}$；（4）$\dfrac{1}{10}$；（5）$\dfrac{1}{2}$；（6）$\dfrac{4}{5}$.

3. $a = -4$.

4. $2x^3 + x^2 + 3x$.

§2.4　函数的连续性（Ⅰ）

1.（1）$x = 0$，$x = -1$；（2）二，无穷；（3）一，跳跃；（4）一，可去；（5）$x = 2$；（6）充分；（7）-1.

2.（1）$x = 0$ 为跳跃间断点；

（2）$f(x)$ 在 **R** 上连续；

（3）$x = 0$ 为第二类间断点；

（4）$x = 0$ 为跳跃间断点，$x = 1$ 为可去间断点，$x = -1$ 为第二类间断点.

3.（1）$f(x) = \begin{cases} 1, & 0 \leqslant x < 1 \\ \dfrac{1}{2}, & x = 1 \\ 0, & x > 1 \end{cases}$，$x = 1$ 为跳跃间断点.

（2）$f(x) = \begin{cases} x, & |x| < 1 \\ 0, & |x| = 1 \\ -x, & |x| > 1 \end{cases}$，$x = \pm 1$ 为跳跃间断点.

4. $a = 2$.

§2.4　函数的连续性（Ⅱ）

1.（1）$(-\infty, 1) \cup (1, 3) \cup (3, +\infty)$；（2）2；（3）$\dfrac{1}{2}$；（4）0；（5）$4e^2$；（6）$\dfrac{1}{1 - 2a}$；（7）$-3$，2.

2.（1）$\dfrac{1}{\pi}$；（2）；（3）$\dfrac{\pi}{6}$；（4）1；（5）1；（6）e^2；（7）e^2；（8）$-\dfrac{1}{2}$.

3. $a = \ln 2$.

§2.4　函数的连续性（Ⅲ）

略.

自测题二

一、1. $\dfrac{x+1}{2x+1}$；2. 3；3. 0；4. $e^{\frac{1}{2}}$；5. 0.

二、1. B；2. D；3. C；4. B；5. C.

三、1. $-\dfrac{1}{2}$；2. n；3. 1；4. $\dfrac{1}{e^2}$；5. 1；6. $\dfrac{1}{4}$；7. $\begin{cases}\dfrac{1}{2}, & a=1\\0, & |a|<1\\1, & |a|>1\end{cases}$.

四、1. $a=1$，$b=-1$.

2. $x=-1$ 为第一类可去间断点，$x=1$ 为第二类无穷间断点，$x=0$ 为第一类跳跃间断点.

五、1. 提示：夹逼准则.

2. 提示：零点定理.

思考题二

1. （1）D；（2）A；（3）B；（4）C.

2. $f(x)=x+\dfrac{1}{x}+\dfrac{1}{1-x}-1$.

3. $a=-1$，$b=0$.

4. $k=\dfrac{1}{6}$.

5. $a=0$，$b=e$.

6. $\lim\limits_{x\to 0}\dfrac{f(x)}{x^2}=10\ln3$，$f(0)=0$.

7. 提示：夹逼准则.

8. 提示：利用无穷小的充要条件.

9. 提示：单调有界准则.

第3章　导数与微分

§3.1　导数概念

1. （1）-2，4；（2）0，1；（3）1；（4）$6x-y-9=0$；（5）$f'(x)$.

2. $\dfrac{1}{x}$，$\dfrac{1}{e}$.

3. （1）$y'=-\dfrac{1}{3}x^{-\frac{4}{3}}$；（2）$y'=x^{\frac{1}{6}}$.

4. $3a^2\varphi(a)$.

5. $a=2$，$b=-1$.

6. $f'(x)=\begin{cases}\cos x, & x<0\\1, & x\geq 0\end{cases}$

7. $y = 5(x - 1)$, $y = -\dfrac{1}{5}(x - 1)$.

8. (1) $\lambda < 0$; (2) $\lambda < -1$.

9. 提示: 用定义.

10. 略.

§3.2 求导法则和基本初等函数导数公式 (Ⅰ)

1. (1) $y' = 6x - 1$; (2) $y' = \sec^2 x + \dfrac{1}{x\ln 3} + 2^x \ln 2$; (3) $y' = \ln x + 1$;

(4) $y' = e^x(2x\sin x + x^2 \sin x + x^2 \cos x)$; (5) $y' = x(2\ln x + 1) + e^x \sec x(1 + \tan x)$;

(6) $y' = -\dfrac{2}{(x-1)^2}$; (7) $y' = -\dfrac{x\csc^2 x + \cot x}{x^2}$; (8) $y' = \dfrac{\arcsin x + \arccos x}{(\arccos x)^2} \dfrac{1}{\sqrt{1 + x^2}}$.

2. $(0, 1)$.

3. (1) $20 - \dfrac{2}{5}Q$; (2) $Q = 15$ 处收益变化得快.

4. 提示: 反函数的求导法则.

5. $\dfrac{1}{\sin^2(\sin 1)}$.

§3.2 求导法则和基本初等函数导数公式 (Ⅱ)

1. (1) $12x(x^2 + 1)^5$; (2) $\dfrac{45x^3 + 16x}{\sqrt{1 + 5x^2}}$; (3) $\dfrac{2\cos 2x \cos 3x + 3\sin 2x \sin 3x}{(\cos 3x)^2}$;

(4) $\dfrac{1}{\sqrt{x}(1-x)}$; (5) $e^{\sin x}\cos x[1 + \cos(e^{\sin x})]$; (6) $e^x + ex^{e-1} + x^x(\ln x + 1)$;

(7) $\dfrac{1}{\sqrt{1 + x^2}}$; (8) $\dfrac{1}{x}$.

2. (1) $2x^{\ln x - 1}\ln x$; (2) $\sqrt{a^x \sqrt{(x+1)\sqrt{\sin x}}}\left[\dfrac{\ln a}{2} + \dfrac{1}{4(x+1)} + \dfrac{\cot x}{8}\right]$.

3. (1) $f'(e^x + x^e)(e^x + ex^{e-1})$; (2) $\dfrac{e^{f(x)}}{x}f'(\ln x) + f(\ln x)e^{f(x)}f'(x)$.

4. $f'(x + 1) = 5\sin^4 x \cos x$, $f'(x) = 5\sin^4(x - 1)\cos(x - 1)$.

§3.2 求导法则和基本初等函数导数公式 (Ⅲ)

1. (1) $3x - y - 7 = 0$; (2) $\dfrac{y - x^2}{y^2 - x}$; (3) 240; (4) $a^n e^{ax}$; (5) $-\dfrac{n!}{2-n}$;

(6) $(-1)^n 2^n n!$.

2. (1) $y' = \dfrac{y - 2x}{2y - x}$; (2) $y' = -2xy e^{x^2}$

3. (1) $\dfrac{dy}{dx} = -4\sin t$; (2) $\dfrac{dy}{dx} = \dfrac{e^y \cos t}{(2 - y)(6t + 2)}$.

4. (1) $\dfrac{2 - 2x^2}{(1 + x^2)^2}$; (2) $2xe^{x^2}(3 + 2x^2)$; (3) $-2\csc^2(x + y)\cot^3(x + y)$; (4) $-\sqrt{2}$.

5. (1) $y^{(n)} = (x + n)e^x$；(2) $y^{(n)} = (-1)^n n! \left[\dfrac{2^n}{(1 + 2x)^{n+1}} - \dfrac{3^n}{(1 + 3x)^{n+1}} \right]$.

6. 提示：反函数、复合函数求导法则.

7. $y = -\dfrac{2}{\pi}x + \dfrac{\pi}{2}$.

§3.3 微分

1. (1) 1.161, 1.1；(2) 0；(3) 充要；(4) $e^{\sin 2x}$, $e^{\sin 2x}\cos 2x$, $2e^{\sin 2x}\cos 2x$；
(5) $\ln x$, $\cos x$.

2. (1) $2x$；(2) $\dfrac{3}{2}x^2$；(3) $-\dfrac{\cos 2x}{2}$；(4) $-\dfrac{e^{-2x}}{2}$；(5) $2\sqrt{x}$；(6) $\ln(1 + x)$.

3. (1) $dy = \left(-\dfrac{1}{x^2} + \dfrac{1}{\sqrt{x}} \right)dx$；(2) $dy = (\sin 2x + 2x\cos 2x)dx$；

(3) $dy = \dfrac{1}{(x^2 + 1)^{\frac{3}{2}}}dx$；(4) $dy = \begin{cases} \dfrac{1}{\sqrt{1 - x^2}}dx, & -1 < x < 0 \\[3mm] -\dfrac{1}{\sqrt{1 - x^2}}dx, & 0 < x < 1 \end{cases}$；

(5) $dy = -\dfrac{b^2 x}{a^2 y}dx$；(6) $dy = \dfrac{e^y}{1 - xe^y}dx$.

4. 0.9933.

自测题三

一、1. $-2f'(x_0)$；2. $(-1, 2)$ 或 $(1, -2)$；3. $x^x(1 + \ln x)dx$；4. $t + \dfrac{b}{a}$；5. 2.

二、1. C；2. D；3. A；4. B；5. C.

三、1. $\dfrac{e^x}{\sqrt{1 + e^{2x}}}$；2. $-\left[\dfrac{1}{2(1 - x)^2} + \dfrac{1 - x^2}{(1 + x^2)^2} \right]$；

3. $\left(\dfrac{x}{1 + x} \right)^x \left(\ln\dfrac{x}{1 + x} + 1 - \dfrac{x}{1 + x} \right)$；4. $\dfrac{1}{e^2}$；5. $-\dfrac{1 + t^2}{t^3}$；6. $n! \, [f(x)]^{n+1}$.

四、$2g(a)$.

五、$\sqrt{2}$.

六、$y = 2x - 12$.

思考题三

1. (1) D；(2) C；(3) B；(4) D.

2. $e^{\frac{f'(a)}{f(a)}}$.

3. (1) $a = g'(0)$；(2) $f'(x) = \begin{cases} \dfrac{x[g'(x) + \sin x] - [g(x) - \cos x]}{x^2}, & x \neq 0 \\[3mm] \dfrac{1}{2}[g''(0) + 1], & x = 0 \end{cases}$.

4. $\dfrac{\sqrt{2}}{2}n!$.

5. $y^{(2n)}(0) = 0$, $y^{(2n+1)}(0) = 4^n (n!)^2$.

6. $\dfrac{f''(y) - [1 - f'(y)]^2}{x^2 [1 - f'(y)]^3}$.

7. 4.

8. $a = 2$, $b = -1$, $f'(x) = \begin{cases} 2, & x \leq 1 \\ 2x, & x > 1 \end{cases}$.

9. 提示：用导数的定义.

第4章　中值定理与导数应用

§4.1　中值定理

1. (1) $\dfrac{5}{2}$；(2) $\dfrac{\sqrt{3}}{3}$；(3) $\sqrt{\dfrac{7}{3}}$；(4) $f(x)$ 在 $(-1, 1)$ 内点 $x = 0$ 处不可导.

2. 2 个实根，$\xi_1 \in (0, 3)$，$\xi_2 \in (3, 5)$.

3. (1) 设 $F(x) = \arcsin x + \arccos x - \dfrac{\pi}{2}$；(2) 设 $F(x) = \sin x$；(3) 设 $F(x) = \ln x$；
(4) 设 $F(x) = e^x - ex$.

4. 用三次罗尔中值定理.

5. 略.

§4.2　导数的应用

1. 3.

2. (1) $(\ln 2)^2$；(2) $-\dfrac{1}{3}$；(3) 0；(4) 1；(5) 0；(6) 1；(7) $-\dfrac{1}{2}$；(8) $\dfrac{1}{2}$；
(9) 0；(10) $-\dfrac{2}{\pi}$；(11) $\dfrac{1}{2}$；(12) 1；(13) $e^{-\frac{2}{\pi}}$；(14) e.

3. (1) $\left(-\infty, \dfrac{3}{4}\right]$ 单调增大，$\left(\dfrac{3}{4}, +\infty\right)$ 单调减小；
(2) 在 $(-\infty, +\infty)$ 内单调增大.

4. 提示：单调性.

5. (1) 极大值 $f\left(\dfrac{3}{4}\right) = \dfrac{5}{4}$，无极小值；
(2) 极大值 $f(e) = e^{1/e}$.

§4.3　泰勒公式

1. $f(x) = 8 + 10(x - 1) + 9(x - 1)^2 + 4(x - 1)^3 + (x - 1)^4$.

2. $x^2 e^x = x^2 + \dfrac{x^3}{1!} + \dfrac{x^4}{2!} + \cdots + \dfrac{x^n}{(n - 2)!} + o(x^n)$.

3. $\sqrt[3]{30} \approx 3.10724$，$|R_3| = 1.88 \times 10^{-5}$.

4. 提示：将 $f(x) - g(x)$ 在 0 处展开.

5. （1）$\dfrac{1}{6}$；（2）$\dfrac{1}{2}$.

§4.4　函数的最大值和最小值

1. （1）$y(\pm 2) = 29$ 为最大值，$y(0) = 5$ 为最小值；

（2）$y\left(\dfrac{\pi}{6}\right) = \sqrt{3} + \dfrac{\pi}{6}$ 为最大值，$y\left(\dfrac{\pi}{2}\right) = \dfrac{\pi}{2}$ 为最小值.

2. $a = 2$，$b = 3$.

3. 略.

4. $\varphi = \dfrac{2\sqrt{6}}{3}\pi$.

§4.5　函数的凹凸性与拐点

1. （1）凹区间 $\left(-\infty,\ \dfrac{1}{3}\right)$，凸区间 $\left(\dfrac{1}{3},\ +\infty\right)$，拐点 $\left(\dfrac{1}{3},\ \dfrac{2}{27}\right)$；

（2）凸区间 $(-\infty,\ -2)$，凹区间 $(2,\ +\infty)$，拐点 $(-2,\ -2\mathrm{e}^{-2})$；

（3）凸区间 $(-\infty,\ -1)$，$(1,\ +\infty)$，凹区间 $(-1,\ 1)$，拐点 $(\pm 1,\ \ln 2)$；

（4）凸区间 $(0,\ 1)$，凹区间 $(1,\ +\infty)$，拐点 $(1,\ -7)$.

2. $a = -\dfrac{3}{2}$，$b = \dfrac{9}{2}$.

3. $a = 1$，$b = -3$，$c = -24$，$d = 16$.

§4.6　函数图形的描绘

1. $x = \pm 1$，$y = x$.

2. （1）$(-\infty,\ -1)$，$(3,\ +\infty)$ 单调增大；$(-1,\ 1)$，$(1,\ 3)$ 单调减小；$f(-1) = -2$ 为极大值；

（2）$(-\infty,\ -1)$ 内为凸，$(1,\ +\infty)$ 为凹；无拐点；

（3）垂直渐近线：$x = 1$，斜渐近线：$y = x + 1$.

§4.7　曲率

1. （1）$\dfrac{1}{R}$，0；（2）$\sqrt{1 + x}\,\mathrm{d}x$；（3）$2$，$\dfrac{1}{2}$.

2. 点 $\left(\dfrac{\sqrt{2}}{2},\ -\dfrac{\ln 2}{2}\right)$ 处曲率最大，为 $K = \dfrac{2}{3\sqrt{3}}$.

3. $K = \dfrac{2}{3|a|}$，$\rho = \dfrac{3|a|}{2}$.

4. $c = 1$，$b = 1$，$a = \dfrac{1}{2}$.

第 5 章　导数在经济学中的应用

§5.1　导数在经济分析中的应用

1. （1）2.05；（2）-8；（3）1.5，1.5%；（4）增加.

2. （1）$y' = (2x - x^2)e^{-x}$，$\varepsilon_{yx} = 2 - x$；（2）$y' = \dfrac{(x - 1)e^x}{x^2}$，$\varepsilon_{yx} = x - 1$.

3. （1）$C'(x) = 3 + x$；（2）$R'(x) = \dfrac{50}{\sqrt{x}}$；（3）$L'(x) = \dfrac{50}{\sqrt{x}} - x - 3$；（4）$-1$.

4. $\dfrac{3}{4}$，1，$\dfrac{5}{4}$.

5. 略.

6. （1）$R(P) = aPe^{-bP}$，$MR(P) = Pe^{-bP}$，$R'(P) = a(1 - bP)e^{-bP}$；（2）$\varepsilon_{DP} = bP$.

7. （1）$Q'(P) = -2P$，所以当 $P = 4$ 时，$Q'(4) = -8$，经济意义是价格增加 1 元，需求量减少 8 件；

（2）$\varepsilon_{QP} = \dfrac{2P^2}{75 - P^2}$，当 $P = 4$ 时，$\varepsilon_{QP} = 0.54$，经济意义是价格增加 1%，需求同时减少 0.54%；

（3）$\varepsilon_{RP} = \dfrac{75 - 3P^2}{75 - P^2}$，当 $P = 4$ 时，$\varepsilon_{RP} = \dfrac{27}{59} = 0.457$，总收益是增加 0.457%.

§5.2 函数的极值在经济管理中的应用举例

1. $L(50000)_{\max} = 30000$.

2. $D = 15$.

3. $P = 3$，9000.

4. （1）$L'(P) = 80000 - 2000P$；（2）当 $P = 50$ 时，价格每提高 1 元，总利润减少 20000 元；（3）$P = 40$ 时利润最大.

5. 800 件，最小值为 600 元.

6. $S(t)$ 最大现在值为 $S(t)_{\max} = S\left(\dfrac{1}{4r^2}\right) = Ae^{\frac{1}{4r}}$.

自测题四 & 五

一、1. C；2. A；3. C；4. D；5. C.

二、1. $-\dfrac{4}{3}$；2. $[0, 2]$；3. $\left(\dfrac{2}{3}, \dfrac{2}{3}e^{-2}\right)$；4. $(-\infty, +\infty)$；5. $f(2) = 20$.

三、（1）$\dfrac{1}{2}$；（2）$-\dfrac{1}{2}$.

四、令 $F(x) = (1 + x)\ln^2(1 + x) - x^2$.

五、$(-\infty, 0) \cup [2, +\infty)$ 单调增大；$(0, 2)$ 单调减小，$f(2) = 2 - 2\ln 2$ 为极小值.

六、$\left(-\infty, -\dfrac{\sqrt{2}}{2}\right) \cup \left(\dfrac{\sqrt{2}}{2}, +\infty\right)$ 内为凹，$\left(-\dfrac{\sqrt{2}}{2}, \dfrac{\sqrt{2}}{2}\right)$ 内为凸；拐点为 $\left(-\dfrac{\sqrt{2}}{2}, -1\right)$，$\left(\dfrac{\sqrt{2}}{2}, -1\right)$.

七、最大值 $y(1) = 2$，最小值 $y(0) = y(2) = 1$.

八、提示：用反证法.

九、提示：导数定义、零点定理、中值定理.

十、（1）略；（2）$P = 30$.

思考题四 & 五

1. （1）B；（2）C；（3）B；（4）C；（5）C.

2. 令 $F(x) = 4\arctan x - x + \dfrac{4\pi}{3} - \sqrt{3}$，①在 $(-\infty, \sqrt{3})$ 内，$x = -\sqrt{3}$ 是唯一的实根；

②由介值定理，在 $(\sqrt{3}, +\infty)$ 内，$x = \xi$ 是唯一的实根.

3. 令 $F(x) = \ln x - \ln a - \dfrac{x-a}{\sqrt{ax}}$.

4. 令 $f(t) = \sin t - t\cos t$，利用拉格朗日中值定理证明.

5. 只需令 $g(x) = x^2$，利用柯西中值定理即可证明.

6. 逐次应用柯西中值定理和拉格朗日中值定理.

7. 2.

8. $f'(x) = \begin{cases} 2x^{2x}(\ln x + 1), & x > 0 \\ (x+1)e^x, & x < 0 \end{cases}$，极大值 $f(0) = 1$，极小值 $f(-1) = -e^{-1} + 1$，

$f(e^{-1}) = e^{-\frac{2}{e}}$.

9. 由 $\lim\limits_{x \to 0} \dfrac{f(x)}{x^2} = 0$，得 $f(0) = 0$，$f'(0) = 0$，$f''(0) = 0$，再结合二阶带拉格朗日型余项

麦克劳林公式即证.

10. （1）$E_P = \dfrac{P}{20 - P}$；（2）当 $P \in (10, 20)$ 时，降价反而会使收益增加.

11. 最大利润额为 $L(101) = 167080$ 元.

12. （1）当 $P \in \left(0, \sqrt{\dfrac{b}{c}}(\sqrt{a} - \sqrt{bc})\right)$ 时，相应的销售额随单价的增加而增加；

当 $P > \sqrt{\dfrac{b}{c}}(\sqrt{a} - \sqrt{bc})$ 时，相应的销售额随单价的增加而减少.

（2）$P = \sqrt{\dfrac{b}{c}}(\sqrt{a} - \sqrt{bc})$ 时，销售额最大，最大销售额为 $(\sqrt{a} - \sqrt{bc})^2$.

第6章　不　定　积　分

§6.1　不定积分的概念和性质

1. （1）$f(x)\mathrm{d}x$，$f(x) + C$，$f(x)$，$f(x) + C$；（2）C；（3）$y = \sin x + \dfrac{1}{2}$；（4）1.

2. （1）$\dfrac{x^2}{2} + \ln|x| - \dfrac{2}{3}x^{\frac{3}{2}} - \dfrac{3}{2}x^{-2} + C$；（2）$2x^{\frac{1}{2}} - \dfrac{4}{3}x^{\frac{3}{2}} + \dfrac{2}{5}x^{\frac{5}{2}} + C$；（3）$\dfrac{3^x e^x}{1 + \ln 3} + C$；

（4）$\dfrac{x + \sin x}{2} + C$；（5）$2\arcsin x - x + C$；（6）$\tan x - \sec x + C$；（7）$-\dfrac{1}{3}x^{-3} - x^{-1} - $

$\arctan x + C$；（8）$\tan x - \cot x + C$.

3. $y = x^2 + 1$.

4. $y = 9x + 30x^{\frac{2}{3}} + 100$.

5. （1）64m；（2）20s.

6. $A = \dfrac{b}{b^2 - a^2}$，$B = \dfrac{a}{a^2 - b^2}$.

§6.2 换元积分法

1. （1）$-\dfrac{1}{4}e^{-2x^2} + C$；（2）$\dfrac{1}{2}$；（3）$\dfrac{1}{a}F(ax + b) + C$.

2. （1）$\dfrac{1}{4}e^{4x} + C$；（2）$-\mathrm{cose}^x + C$；（3）$\dfrac{1}{51}(x^2 - 3x + 1)^{51} + C$；

（4）$2\arctan\sqrt{x} + C$；（5）$e^{x+\frac{1}{x}} + C$；（6）$\ln|\ln\ln x| + C$；（7）$\ln\left|\sec\sqrt{1 + x^2}\right| + C$；

（8）$\dfrac{1}{\cos x - \sin x} + C$；（9）$\dfrac{1}{4}\arctan\left(x + \dfrac{1}{2}\right) + C$；（10）$\arcsin(\tan x) + C$；

（11）$-\dfrac{10^{2\arccos x}}{2\ln 10} + C$；（12）$\dfrac{a^2}{2}\arcsin\dfrac{x}{|a|} - \dfrac{|x|}{2}\sqrt{a^2 - x^2} + C$；

（13）$-\dfrac{2}{15}(3x^2 + 8x + 32)\sqrt{2 - x} + C$；（14）$\sqrt{2x} - \ln(1 + \sqrt{2x}) + C$；

（15）$\dfrac{x}{\sqrt{x^2 + 1}} + C$；（16）$\sqrt{x^2 - 4} - 2\arccos\dfrac{2}{x} + C$.

4. （1）、（2）$\arctan\sqrt{x^2 - 1} + C$ 或 $\arccos\dfrac{1}{x} + C$.

§6.3 分部积分法

1. （1）$x\ln x - x + C$；（2）$xe^x - e^x + C$；（3）$\left(1 - \dfrac{2}{x}\right)e^x + C$.

2. （1）$\dfrac{x^3}{3}\left(\ln x - \dfrac{1}{3}\right) + C$；（2）$-\cos x\ln\tan x + \ln|\csc x - \cot x| + C$；

（3）$\sqrt{1 + x^2}\arctan x - \ln(x + \sqrt{1 + x^2}) + C$；（4）$x\ln(x + \sqrt{1 + x^2}) - \sqrt{1 + x^2} + C$；

（5）$-\dfrac{1}{2}e^{-x^2}(1 + x^2) + C$；（6）$\dfrac{1}{3}x^3\arctan x - \dfrac{1}{6}x^2 + \dfrac{1}{6}\ln(1 + x^2) + C$.

3. $I_n = \dfrac{\tan^{n-1}x}{n - 1} - I_{n-2}$；$I_5 = \dfrac{\tan^4 x}{4} - \dfrac{\tan^2 x}{2} - \ln|\cos x| + C$.

§6.4 几种特殊类型函数的积分、实例

1. （1）$\dfrac{x^2}{2} - \dfrac{1}{2}\ln(1 + x^2) + C$；（2）$\ln|x^2 + 3x - 10| + C$；

（3）$\dfrac{1}{2}\ln\left|\dfrac{x^2 + x + 1}{x^2 + 1}\right| + \dfrac{\sqrt{3}}{3}\arctan\dfrac{2x + 1}{\sqrt{3}} + C$；

（4）$-2\ln|x - 1| - \dfrac{3}{x - 1} + \ln(x^2 + x + 1) + C$；

(5) $\ln\left|1 + \tan\dfrac{x}{2}\right| + C$；　(6) $\dfrac{1}{2}\arctan\left(2\tan\dfrac{x}{2}\right) + C$；

(7) $-\dfrac{1}{2\sin^2 x} + \ln|\tan x| + C$；　(8) $3\left(\dfrac{\sqrt[3]{x^2}}{2} - \sqrt[3]{x} + \ln\left|1 + \sqrt[3]{x}\right|\right) + C$；

(9) $-\,\mathrm{e}^{-x}\arcsin \mathrm{e}^x + x - \ln(1 + \sqrt{1 - \mathrm{e}^{2x}}) + C$；　(10) $2\arctan\sqrt{x - 3} + C$.

2. $\displaystyle\int f(x)\,\mathrm{d}x = \begin{cases} \dfrac{1}{2}x^2 + x + C, & x \leqslant 1 \\[2mm] x^2 + \dfrac{1}{2} + C, & x > 1 \end{cases}$.

自测题六

一、1. C；2. D；3. B；4. A；5. D.

二、1. $2\sqrt{x} + \dfrac{2}{3}\sqrt{x^3} + C$；2. $\dfrac{f(x)}{1 + x^2}$；3. $-\dfrac{\ln x}{x} + C$；4. $2x^2 - x + C$；5. $-\dfrac{3}{2}x + \dfrac{1}{4}\sin 2x + C$.

三、1. $\dfrac{x\cos x - \sin x}{x} - \dfrac{\sin x}{x} + C$.

2. $x + \dfrac{1}{3}x^3 + C$.

3. $\mathrm{e}^x(x - 1) + \dfrac{x^2}{2} + C$.

4. $\dfrac{\mathrm{e}^x}{2} + \dfrac{1}{2}x\mathrm{e}^x + x + C$.

5. $-\left(\dfrac{3}{2}x + \dfrac{1}{4}\sin 2x\right) + C$.

四、$y = \arctan x + \dfrac{1}{x} - \dfrac{\pi}{4}$.

五、$Q = 1000\left(\dfrac{1}{4}\right)^P$.

六、$-\dfrac{1}{2}\ln^2\left(1 + \dfrac{1}{x}\right) + C$.

七、$x + 2\ln(x - 1) + C$.

思考题六

1. (1) $\dfrac{1}{\sqrt{2}}\arctan\dfrac{x^2 - 1}{\sqrt{2}x} + C$；　(2) $\dfrac{(x - 1)\mathrm{e}^{\arctan x}}{2\sqrt{1 + x^2}} + C$；

(3) $2(\sqrt{x}\arcsin\sqrt{x} + \sqrt{1 - x} + \sqrt{x}\ln x - 2\sqrt{x}) + C$；　(4) $\dfrac{2 - \cos 2x - \sin 2x}{8}\mathrm{e}^{2x} + C$；

(5) $x\ln\left(1 + \sqrt{\dfrac{1 + x}{x}}\right) + \dfrac{1}{2}\ln(\sqrt{1 + x} + \sqrt{x}) - \dfrac{1}{2}\dfrac{\sqrt{x}}{\sqrt{1 + x} + \sqrt{x}} + C$；　(6) $\dfrac{1}{a^2}\dfrac{x}{\sqrt{x^2 + a^2}} + C$；

(7) $\dfrac{2}{5}\tan^{\frac{5}{2}}x + 2\tan^{\frac{1}{2}}x + C$（设 $t = \tan x$）；　(8) $-\,\mathrm{e}^{-x} - \arctan \mathrm{e}^x + C$.

2. $x - (1 + e^{-x}) \ln(1 + e^x) + C$

3. $-2\sqrt{1-x}\arcsin\sqrt{x} + 2\sqrt{x} + C.$

4. $f(x) = \dfrac{1}{\sqrt{2x}(1+x)}.$

5. $p = -\dfrac{1}{3}, \ q = -\dfrac{5}{6}, \ r = -\dfrac{19}{6}, \ s = 4, \quad -\dfrac{1}{6}(2x^2 + 5x + 19)\sqrt{1 + 2x - x^2} +$

$4\arcsin\dfrac{x-1}{\sqrt{2}} + C.$

6. $f(x) = e^x$ 或 $-e^{-x}.$

7. $I_n = -\dfrac{\cos x}{(n-1)\sin^{n-1}x} + \dfrac{n-2}{n-1}I_{n-2}, \quad I_5 = -\dfrac{\cos x}{4\sin^4 x} - \dfrac{3\cos x}{8\sin^2 x} + \dfrac{3}{8}\ln\left|\tan\dfrac{x}{2}\right| + C.$

第7章 定 积 分

§7.1 §7.2 定积分的概念与性质

1. （1）$\dfrac{3}{2}$ ；（2）1；（3）0；（4）$\dfrac{\pi}{4}$.

2. $\dfrac{1}{4}.$

3. $a = 0, \ b = 1.$

4. （1）$>$ ；（2）$>$.

5. （1）$6 \leqslant \displaystyle\int_1^4 (x^2 + 1)\,\mathrm{d}x \leqslant 51$；（2）$-2e^2 \leqslant \displaystyle\int_2^0 e^{x^2 - x}\,\mathrm{d}x \leqslant -2e^{-\frac{1}{4}}.$

6. $\dfrac{\pi}{4}.$

§7.3 微积分基本公式

1. 2.

2. $\cot t.$

3. $\dfrac{e^{-x^2} - 3x^2}{3y^2}.$

4. $x = 0.$

5. （1）$2x\sqrt{1 + x^4}$ ；（2）$1 - \cos x$.

6. （1）$a\left(a^2 - \dfrac{a}{2} + 1\right)$ ；（2）$\dfrac{271}{6}$ ；（3）$\dfrac{\pi}{4} + 1$；（4）$\dfrac{\pi}{6}$ ；（5）$\dfrac{\pi}{3a}$ ；（6）$1 - \dfrac{\pi}{4}$ ；

（7）4；（8）$\dfrac{8}{3}$.

7. （1）2；（2）$\dfrac{2}{3}$.

8. 提示：积分中值定理、单调性.

§7.4 定积分的换元积分法

1. (1) 0；(2) $\dfrac{\pi}{2}$；(3) $f(b+x)-f(a+x)$；(4) 2.

2. (1) $\dfrac{1}{4}$；(2) $1-\dfrac{\pi}{4}$；(3) $1-e^{-\frac{1}{2}}$；(4) $2(\sqrt{3}-1)$；(5) $\dfrac{2}{3}$；(6) $\dfrac{4}{3}$；(7) 0；

(8) 4.

3. $1+\ln(1+e^{-1})$.

4. 提示：换元积分法.

5. 提示：利用积分区间可加性和换元积分法，或借助拉格朗日中值定理的推论.

6. 提示：换元积分法.

§7.5 定积分的分部积分法

1. (1) $\dfrac{4}{e}$；(2) 1；(3) $af(a)-\displaystyle\int_0^a f(x)\,\mathrm{d}x$；(4) 0.

2. (1) $1-\dfrac{2}{e}$；(2) $\dfrac{1}{4}(1+e^2)$；(3) $-\dfrac{2\pi}{\omega^2}$；(4) $\left(\dfrac{1}{4}-\dfrac{\sqrt{3}}{9}\right)\pi+\dfrac{1}{2}\ln\dfrac{3}{2}$；

(5) $\dfrac{\pi}{4}-\dfrac{1}{2}$；(6) $\dfrac{1}{2}(e\sin 1-e\cos 1+1)$；(7) $2\left(1-\dfrac{1}{e}\right)$；(8) $\dfrac{1}{5}(e^\pi-2)$；

(9) $\begin{cases}\dfrac{1\cdot 3\cdot 5\cdot\cdots\cdot m}{2\cdot 4\cdot 6\cdot\cdots\cdot (m+1)}\cdot\dfrac{\pi}{2}, & m\ \text{为奇数}\\[3mm]\dfrac{2\cdot 4\cdot 6\cdot\cdots\cdot m}{1\cdot 3\cdot 5\cdot\cdots\cdot (m+1)}, & m\ \text{为偶数}\end{cases}$；

(10) $I_m=\begin{cases}\dfrac{1\cdot 3\cdot 5\cdot\cdots\cdot (m-1)}{2\cdot 4\cdot 6\cdot\cdots\cdot m}\cdot\dfrac{\pi^2}{2}, & m\ \text{为偶数}\\[3mm]\dfrac{2\cdot 4\cdot 6\cdot\cdots\cdot (m-1)}{1\cdot 3\cdot 5\cdot\cdots\cdot m}\cdot\pi, & m\ \text{为大于 1 的奇数}\end{cases}$；$I_0=\dfrac{\pi^2}{2}$, $I_1=\pi$.

§7.7 反常积分

1. (1) 1；(2) $\dfrac{1}{2}\ln 2$.

2. (1) $\dfrac{1}{a}$；(2) π；(3) 发散；(4) $\dfrac{8}{3}$；(5) $\dfrac{\pi}{2}$.

3. $\dfrac{\sqrt{\pi}}{4}$.

4. 当 $k\leqslant 1$ 时，反常积分发散；当 $k>1$ 时，反常积分收敛；当 $k=1-\dfrac{1}{\ln\ln 2}$ 时，反常积分取最小值.

自测题七

一、1. A；2. B；3. C；4. D；5. C.

二、1. $\dfrac{\pi a^2}{2}$；2. $\dfrac{8}{3}$；3. $\left(\dfrac{1}{2},\ +\infty\right)$；4. $2\sqrt{2}$；5. $\sin x+\dfrac{2}{1-\pi}$.

三、1. $\sqrt{2} - 1$；2. $\dfrac{3\pi^2}{16}$；3. $\dfrac{\pi}{4} - \dfrac{1}{2}$；4. $2(1 - 2e^{-1})$；5. $\dfrac{\pi}{2}$；6. $-\dfrac{1}{2}$；7. $\dfrac{16}{35}$.

四、$\dfrac{1}{2}$.

五、略.

思考题七

1. $\dfrac{e + 1}{2}$.

2. $a = \dfrac{5}{2}$.

3. $I = 1$.

4. $f(x) = 3\ln x + 3$.

5. （1）略；（2）$\dfrac{\pi}{2}$.

6. 提示：作辅助函数 $\varphi(x) = \dfrac{1}{x}\displaystyle\int_0^x f(t)\,\mathrm{d}t$.

7. $\dfrac{1}{2n}f'(0)$.

8. 略.

9. 略.

10. 略.

11. π.

12. 略.

13. （1）$\dfrac{1}{m + 1}$；（2）略.

第 8 章　定积分的应用

§8.1　平面图形的面积

1. （1）$\dfrac{4}{3}$；（2）3.

2. （1）$e + \dfrac{1}{e} - 2$；（2）$b - a$；（3）2；（4）$\dfrac{1}{12}$；（5）$\dfrac{2}{3}\pi^{\frac{3}{2}} - 2$.

3. $\dfrac{9}{4}$.

4. $3\pi a^2$.

5. 1.

6. $\dfrac{1}{2}$.

§8.2　体积

1. （1）$\dfrac{3}{10}\pi$ ；（2）$\dfrac{5}{6}\pi$.

2. $\dfrac{128}{7}\pi$，$\dfrac{64}{5}\pi$.

3. $\dfrac{512}{7}\pi$.

4. $\dfrac{32}{105}\pi a^3$.

5. $\dfrac{4\sqrt{3}}{3}R^3$.

6. $5\pi a^3$.

§8.3　平面曲线的弧长

1. $2\sqrt{3}-\dfrac{4}{3}$.

2. $1+\dfrac{1}{2}\ln\dfrac{3}{2}$.

3. $8a$.

4. $S=\dfrac{2\pi}{3}(3\sqrt{3}-1)$.

§8.4　定积分在经济分析中的应用

1. （1）$\Delta Q=1266$；（2）$Q=200t+\dfrac{5}{2}t^2-\dfrac{1}{6}t^3$；（3）$\bar{Q}=209$.

2. （1）总成本函数 $C(x)=1+4x+\dfrac{1}{8}x^2$，总利润函数 $L(x)=4x-\dfrac{8}{5}x^2-1$. ；（2）$x=\dfrac{16}{5}$（唯一驻点）；（3）$C\left(\dfrac{16}{5}\right)=\dfrac{377}{25}$ 万元，$R\left(\dfrac{16}{5}\right)=\dfrac{512}{25}$ 万元.

3. （1）总成本函数：$C(x)=1000+7x+50\sqrt{x}$；

（2）收益函数：$R(x)=ax-\dfrac{b}{2}x^2$；

（3）应追加成本：$\Delta C=500$；

（4）最大利润：$L(5)=75$.

4. （1）总收入现值：$y=\dfrac{a}{r}(1-\mathrm{e}^{-rT})$ ，纯收入现值：$R=\dfrac{a}{r}(1-\mathrm{e}^{-rT})-A$ ；

（2）收回投资的时间：$T=\dfrac{1}{r}\ln\dfrac{a}{a-Ar}$.

5. $T=25\ln6\approx44.794$（44 年零 9 个半月）.

6. 30000 万元.

自测题八

一、1. $\dfrac{1}{12}$ ；2. $\dfrac{3}{2}$ ；3. $\dfrac{4}{3}\pi$ ；4. 170 万元；5. 2π.

二、1. D；2. A；3. B；4. D；5. C.

三、$\dfrac{1}{2}$.

四、$k = 3$.

五、$\dfrac{3}{10}\pi$.

六、$160\pi^2$.

七、4.

八、100 万元，当产量为 6（百台）时，平均成本达到最低.

九、1600.

十、(1) $\sqrt[3]{2}$ ；(2) $\dfrac{5}{4}$

思考题八

1. $a = -\dfrac{5}{3}$，$b = 2$，$c = 0$.

2. $\dfrac{\pi^2}{2} - \dfrac{2}{3}\pi$.

3. $\mathrm{e} - \dfrac{1}{\mathrm{e}}$.

4. (1) A 点的坐标为（1，1）；(2) $\dfrac{2}{5}\pi$.

5. (1) $\dfrac{1}{2}\mathrm{e} - 1$；(2) $\dfrac{\pi}{6}(5\mathrm{e}^2 - 12\mathrm{e} + 3)$.

6. (1) 2；(2) 1.

7. (1) $\dfrac{a^2\pi}{(\ln a)^2}$ ；(2) $a = \mathrm{e}$ 时体积达到最小值 $\pi\mathrm{e}^2$.

8. (1) $|PQ| = \sqrt{2}\left(\sqrt{1 + \sqrt{2}t - \dfrac{t^2}{2}} - 1\right)(0 \leqslant t \leqslant 2\sqrt{2})$；

(2) $\dfrac{20}{3}\sqrt{2}\pi - 2\sqrt{2}\pi^2$.

9. $\dfrac{1}{4a}(\mathrm{e}^{4\pi a} - 1)$.

10. $\dfrac{18\pi}{35}$，$\dfrac{16\pi}{5}$.

第 9 章　微 分 方 程

§9.1　微分方程的基本概念

1. (1) 一；(2) 三；(3) 2；(4) 特；(5) $y' - y - 1 = 0$.

2. （1）是；（2）是；（3）否；（4）否.

3. $y = xy' + y'^2$.

4. （1）$y^2 - x^2 = 25$；（2）$y = -\cos x$.

§9.2　一阶微分方程

1. （1）$x^2 + y^2 = 25$；（2）$\arcsin y = \arcsin x + C$；（3）$Y + y^*$；

（4）$y = e^{-\int P(x)dx}\left(\int Q(x)e^{\int P(x)dx}dx + C\right)$；

（5）$C[y_1(x) - y_2(x)] + y_1(x)$ 或 $C[y_1(x) - y_2(x)] + y_2(x)$；

（6）$y' - y = 2x - x^2$.

2. （1）$y = \ln\left(\dfrac{1}{2}e^{2x} + C\right)$；（2）$y = \dfrac{2}{x}e^{2-\frac{1}{x}}$；（3）$y = Ce^{\frac{y}{x}}$；

（4）$\sin\dfrac{y}{x} = Cx(C = \pm e^{C_1})$；（5）$y = (x + C)e^{-x}$；（6）$x = y(y + C)$；

（7）$y = \dfrac{1}{x}\left(\dfrac{1}{2}x^2 + x + 2\right)$；（8）$(x - y)^2 = -2x + C$.

3. （1）$p(x) = \dfrac{x - xe^x}{e^x}$；（2）$y = Ce^x e^{e^{-x}} + e^x$.

4. $y = \dfrac{1}{5}e^{2x} + Ce^{-3x}$.

5. 极大值 $y(1) = 1$，极小值 $y(-1) = 0$.

6. $f(x) = 3e^{3x} - 2e^{2x}$.

7. （1）$F'(x) + 2F(x) = 4e^{2x}$；（2）$F(x) = e^{2x} - e^{-2x}$.

8. （1）$y(x) = \sqrt{x}e^{\frac{x^2}{2}}$；（2）$\dfrac{\pi}{2}(e^4 - e)$.

9. （1）$y^3 = x^3(C + 3x)$；（2）$y^2(Ce^{x^2} + x^2 + 1) = 1$.

§9.3　可降阶的高阶微分方程

1. （1）$y = \dfrac{1}{12}x^4 + C_1x + C_2$；（2）$y^{\frac{1}{4}} = \dfrac{x}{2} + 1$；（3）$y = -\left(\dfrac{x^2}{2} + x\right) + C_1e^x + C$；

（4）$y = C_1\ln x + C_2$；（5）$C_1y - 1 = C_2e^{C_1x}$；（6）$\arctan y = \dfrac{1}{2}x + \dfrac{\pi}{4}$.

2. $y = \dfrac{x^3}{6} + \dfrac{x}{2} + 1$.

3. $u(x) = -(2x + 1)e^{-x}$，$y(x) = C_1e^x + C_2(2x + 1)e^{-x}$.

§9.4　二阶常系数线性微分方程

1. （1）$y'' - 4y' + 4y = 0$；（2）$y'' - 2y' + 5y = 0$；

（3）$y = C_1\cos x + C_1\sin x + \dfrac{1}{2}e^x$；（4）2，2，$x + 1$；

（5）$y_1^* + y_2^*$；（6）1.

2. （1）$y = C_1e^x + C_2e^{2x}$；（2）$y = (C_1 + C_2x)e^{3x}$；

(3) $y = e^{-3x}(C_1\cos 2x + C_2\sin 2x)$; (4) $y = C_1 e^x + C_2 e^{2x} - \left(\dfrac{x^2}{2} + x\right) e^x$;

(5) $y = e^{2x} - e^{3x} + xe^{-x}$.

3. $\alpha = -3$, $\beta = 2$, $\gamma = 1$, 通解为 $y = C_1 e^x + C_2 e^{2x} + xe^x$.

§9.5 差分方程简介

1. (1) 二; (2) 一; (3) 一; (4) 二.

2. 略.

3. (1) $y_x = C\left(-\dfrac{3}{2}\right)^x$;

(2) $y_x = C(-5)^x + \dfrac{5}{12}x - \dfrac{5}{72}$;

(3) $y_x = C \cdot 2^x + \dfrac{1}{4}(x^2 - x)2^x$;

(4) $y_x = C_1 2^x + C_2 3^x (C_1, C_2$ 为任意常数) ;

(5) $y_x = C_1 3^x + C_2 x3^x (C_1, C_2$ 为任意常数) ;

(6) $y_x = C_1\cos\dfrac{\pi}{3}x + C_2\sin\dfrac{\pi}{3}x (C_1, C_2$ 为任意常数) ;

(7) $y_x = (C_1 + C_2 x) \cdot 2^x + \dfrac{1}{8}x^2 \cdot 2^x (C_1, C_2$ 为任意常数) ;

(8) $\tilde{y}_x = \dfrac{5}{3}(-1)^x + \dfrac{1}{3} \cdot 2^x$

§9.6 微分方程及差分方程在经济分析中的应用举例

1. (1) $Q = \dfrac{1500}{3^P}$; (2) $\lim\limits_{P\to 0}Q(P) = \lim\limits_{P\to 0}\dfrac{1500}{3^P} = 0$.

2. (1) $P_e = \sqrt[3]{\dfrac{a}{b}}$; (2) $P(t) = [P_e^3 + (1 - P_e^3)e^{-3kbt}]^{\frac{1}{3}}$; (3) $\lim\limits_{t\to +\infty}P(t) = P_e$.

3. $S_t = S_0(1 + r)^t$.

4. (1) $a_{n+1} - 1.01a_n = -P$; (2) $a_n = 100P + (2500 - 100P) \cdot 1.01^n$; (3) $P \approx 2221.7$.

5. $P_t + 2P_{t-1} = 2$; $P_t = \left(P_0 - \dfrac{2}{3}\right)(-2)^t + \dfrac{2}{3}$.

自测题九

一、1. B; 2. A; 3. C; 4. C; 5. B.

二、1. $y = e^{-2x}(C_1\cos x + C_2\sin x)$; 2. $y'' - 2y' + y = 0$; 3. $y = (2 + x)e^{-\frac{x}{2}}$; 4. $\bar{y} = Ax^3 + Bx^2 + Cx$; 5. $-2, 5$.

三、1. $y = C\sqrt{1 + x^2}$; 2. $y = \dfrac{1}{2}(\sin x + \cos x) + Ce^{-x}$;

3. $y = C_1 e^{-x} + C_2 e^{2x}$; 4. $y = C_1 e^{-x} + C_2 e^{-4x} - \dfrac{1}{2}x + \dfrac{11}{8}$.

四、1. $\cos y = \dfrac{\sqrt{2}}{2}\cos x$；2. $y = e^{2x}$；3. $y = e^{-\frac{3x}{2}} + 2e^{-\frac{5x}{2}} + xe^{-\frac{3x}{2}}$；4. $y = \dfrac{1}{3}x^3 - x^2 + 2x + e^{-x}$.

五、$y = 2(e^x - x - 1)$.

六、1. $y_x = C \cdot 3^x + 1$；2. $y_x = C \cdot (-1)^x + \dfrac{1}{3} \cdot 2^x$；

3. $y_x = C \cdot (-4)^x + \dfrac{2}{5}x^2 + \dfrac{1}{25}x - \dfrac{36}{125}$；4. $y_x = C \cdot (-1)^x + \dfrac{1}{2}(-1)^x(1-x)$.

思考题九

1. （1）$y_t = A + (t-2)2^t$, $t = 0,\ 1,\ 2,\ \cdots$；

（2）$y_t = A(-5)^t + \dfrac{5}{12}\left(t - \dfrac{1}{6}\right)$, $t = 0,\ 1,\ 2,\ \cdots$；

（3）$W_t = 1.2W_{t-1} + 2$

2. 1.

3. $x^2 y' = 3y^2 - 2xy$, $y = \dfrac{x}{1 + x^3}$.

4. $y(x) = \begin{cases} e^{2x} - 1, & x \leqslant 1 \\ (1 - e^{-2x})e^{2x}, & x > 1 \end{cases}$.

5. （1）$F'(x) + 2F(x) = 4e^{2x}$；（2）$F(x) = e^{2x} - e^{-2x}$.

6. $f(x) = (x-1)^2$.

第10章　无　穷　级　数

§10.1　常数项级数

1. （1）$\dfrac{2}{4n^2 - 1}$, 1；（2）必要, 充分；（3）$2A - u_1$；（4）$\dfrac{2}{2 - \ln 3}$.

2. （1）收敛, $\dfrac{1}{2}$；（2）收敛, $\dfrac{3}{2}$；（3）发散；（4）发散；（5）发散；（6）发散.

3. 5000 万元.

4. 提示：用定义.

§10.2　常数项级数的审敛法

1. （1）0；（2）收敛；（3）发散；（4）充分；（5）$0 < p \leqslant \dfrac{1}{2}$.

2. （1）发散；（2）收敛；（3）收敛.

3. （1）发散；（2）收敛；（3）发散.

4. （1）收敛；（2）收敛；（3）收敛.

5. （1）绝对收敛；（2）条件收敛.

6. 提示：收敛级数的必要条件.

§10.3　幂级数

1. (1) 1, $[-1, 1)$; (2) $(-\sqrt{2}, \sqrt{2})$; (3) $(-2, 0]$; (4) 1 ; (5) $[0, 2]$; (6) $\dfrac{x-1}{2-x}$, $(0, 2)$; (7) 无穷.

2. (1) $R = 1$, 收敛域 $(-1, 1)$; (2) $R = 3$, 收敛域 $[-3, 3)$;

(3) $R = 1$, 收敛域 $[-1, 1]$; (4) $R = 1$, 收敛域 $[4, 6)$.

3. (1) $S(x) = \dfrac{1}{4}\ln\dfrac{1+x}{1-x} + \dfrac{1}{2}\arctan x - x$, $x \in (-1, 1)$;

(2) $S(x) = \dfrac{x}{(1-x)^2}$, $x \in (-1, 1)$;

(3) $S(x) = \begin{cases}(1-x)\ln(1-x) + x, & x \in [-1, 1) \\ 1, & x = 1.\end{cases}$

§10.4　函数展开成幂级数

1. (1) $e^x = 1 + x + \dfrac{x^2}{2!} + \cdots + \dfrac{x^n}{n!} + \cdots$, $x \in (-\infty, +\infty)$;

(2) $\dfrac{1}{1+x} = 1 - x + x^2 - x^3 + \cdots + (-1)^n x^n + \cdots$, $-1 < x < 1$;

(3) $\ln(1+x) = x - \dfrac{x^2}{2} + \dfrac{x^3}{3} + \cdots + (-1)^{n-1}\dfrac{x^n}{n} + \cdots$, $-1 < x \leqslant 1$;

(4) $\sin x = x - \dfrac{x^3}{3!} + \dfrac{x^5}{5!} - \cdots + (-1)^{n-1}\dfrac{x^{2n-1}}{(2n-1)!} + \cdots$, $x \in (-\infty, +\infty)$.

2. (1) $y = \ln(10 + x) = \ln 10 + \displaystyle\sum_{n=1}^{\infty}(-1)^{n-1}\dfrac{1}{n}\left(\dfrac{x}{10}\right)^n$, $x \in (-10, 10]$;

(2) $y = (1+x)e^x = \displaystyle\sum_{n=0}^{\infty}\dfrac{(1+x)x^n}{n!}$, $x \in (-\infty, +\infty)$;

(3) $y = \dfrac{1}{2x^2 - 3x + 1} = \displaystyle\sum_{n=0}^{\infty}(2^{n+1} - 1)x^n$, $x \in \left(-\dfrac{1}{2}, \dfrac{1}{2}\right)$.

3. $f(x) = \dfrac{1}{x} = \displaystyle\sum_{n=0}^{\infty}(-1)^n\dfrac{(x-3)^n}{3^{n+1}}$, $x \in (0, 6)$.

4. $f(x) = \dfrac{x-1}{4-x} = \displaystyle\sum_{n=1}^{\infty}\dfrac{(x-1)^n}{3^n}$, $x \in (-2, 4)$, $f^{(n)}(1) = \dfrac{n!}{3^n}$.

§10.5　函数的幂级数展开式的应用

1. 1.10986.

2. 0.4940.

3. $\displaystyle\sum_{n=0}^{\infty}2^{\frac{n}{2}}\cos\dfrac{n\pi}{4}\cdot\dfrac{x^n}{n!}$.

4. $\dfrac{1}{6}$.

自测题十

一、1. 充要；2. $\alpha > 1$；3. $\dfrac{1}{3}$；4. 3；5. $e - 1$.

二、1. C；2. B；3. C；4. C；5. A.

三、1. 收敛；2. 发散；3. 发散；4. 发散；5. 收敛；6. 收敛.

四、1. $R = \dfrac{1}{2}$，收敛域 $\left(-\dfrac{1}{2}, \dfrac{1}{2}\right]$；2. $R = 1$，收敛域 $(2, 0)$.

五、$S(x) = \dfrac{2 + x^2}{(2 - x^2)^2}$，$x \in (-\sqrt{2}, \sqrt{2})$.

六、1. 条件收敛.

2. $\ln(1 + x + x^2 + x^3) = \displaystyle\sum_{n=1}^{\infty}(-1)^{n-1}\dfrac{x^n}{n} + \sum_{n=1}^{\infty}(-1)^{n-1}\dfrac{x^{2n}}{n}$，$x \in (-1, 1]$.

思考题十

1. （1）0；（2）收敛；（3）$[-3, 3)$.

2. （1）C；（2）C；（3）C.

3. （1）用定积分公式计算；

（2）$a_n = \displaystyle\int_0^{\frac{\pi}{4}} \tan^n x\, \mathrm{d}x = \int_0^1 \dfrac{t^n}{1 + t^2}\mathrm{d}t < \dfrac{1}{n+1}$ 可证.

4. （1）收敛；（2）收敛；（3）$p > 1$，收敛；$p \leqslant 1$，发散.

5. 绝对收敛.

6. π^2.

7. $\dfrac{1}{2}$.

8. $\displaystyle\sum_{n=1}^{\infty} \dfrac{n}{(n+1)!}x^{n-1}$，$0 < |x| < +\infty$，1.

9. $2\ln 2 - \dfrac{5}{4}$.

10. $(-\infty, +\infty)$，$\dfrac{1}{4}\sin\dfrac{x}{4}$.

$s(x) = \dfrac{1}{4}\sin\dfrac{1}{4}\displaystyle\sum_{n=0}^{\infty}\dfrac{(-1)^n}{4^{2n}(2n)!}(x-1)^{2n} + \dfrac{1}{4}\cos\dfrac{1}{4}\sum_{n=0}^{\infty}\dfrac{(-1)^{n-1}}{4^{2n-1}(2n-1)!}(x-1)^{2n-1}$，

$(-\infty, +\infty)$.

11. （1）$a_n = \dfrac{1}{\sqrt{n(n+1)}}$，$S_n = \dfrac{4}{3}\dfrac{1}{n(n+1)\sqrt{n(n+1)}}$；

（2）$\displaystyle\sum_{n=1}^{\infty}\dfrac{S_n}{a_n} = \dfrac{4}{3}$.

第 11 章   多元函数微积分

§11.1   空间解析几何简介

1. （1） I ， III ， D 、 E ， C ， E ；（2）$(1, 2, 0)$ ， 3 ， $(1, 0, 0)$ ， $\sqrt{13}$ ；

（3）$(3, 4, -5)$ ，$(-3, 4, 5)$ ，$(3, -4, -5)$ ，$(-3, 4, -5)$ ，$(-3, -4, -5)$.

2. $(0, 1, -2)$.

3. $4x + 4y + 10z - 63 = 0$.

4. $(x - 1)^2 + (y - 3)^2 + (z + 2)^2 = 14$.

§11.2   多元函数

1. （1） $\left\{(x, y) \mid y \geqslant \sqrt{x}, \ x \geqslant 0\right\}$ ；（2） $x^2 \dfrac{1 - y}{1 + y}$ ；（3） $2y + (x - y)^2$ ；

（4） $x^2 - 2x^2 y^2 + 2y^4$ ；（5） $\left\{(x, y) \mid x^2 + y^2 \leqslant 1, \ y > \sqrt{x} \geqslant 0\right\}$.

2. （1） $-\dfrac{1}{4}$ ；（2） 0 ；（3） 2 ；（4） $\dfrac{1}{2}$ ；（5） e.

3. 提示：取 $y = kx$.

§11.3   偏导数

1. （1） $\dfrac{\partial f}{\partial x}$ ；（2） y ；（3） $-y$ ；（4） 1 ；（5） 1 .

2. （1） $\dfrac{\partial z}{\partial x} = 3x^2 y - y^3$ ， $\dfrac{\partial z}{\partial y} = x^3 - 3xy^2$ ；（2） $\dfrac{\partial z}{\partial x} = \dfrac{1}{2x \sqrt{\ln(xy)}}$ ， $\dfrac{\partial z}{\partial y} = \dfrac{1}{2y \sqrt{\ln(xy)}}$ ；

（3） $\dfrac{\partial z}{\partial x} = 1 + 2xy\cos(x^2 y)$ ， $\dfrac{\partial z}{\partial y} = x^2 \cos(x^2 y)$ ；

（4） $\dfrac{\partial u}{\partial x} = \dfrac{2}{z} \sec^2 \dfrac{2x + y^2}{z}$ ， $\dfrac{\partial u}{\partial y} = \dfrac{2y}{z} \sec^2 \dfrac{2x + y^2}{z}$ ， $\dfrac{\partial u}{\partial z} = -\dfrac{2x + y^2}{z^2} \sec^2 \dfrac{2x + y^2}{z}$.

3. （1） $\dfrac{\partial^2 z}{\partial x^2} = 12x^2 - 8y^2$ ， $\dfrac{\partial^2 z}{\partial x \partial y} = -16xy$ ， $\dfrac{\partial^2 z}{\partial y \partial x} = -16xy$ ， $\dfrac{\partial^2 z}{\partial y^2} = 12y^2 - 8x^2$.

（2） $\dfrac{\partial^2 z}{\partial x^2} = \dfrac{2xy}{(x^2 + y^2)^2}$ ， $\dfrac{\partial^2 z}{\partial x \partial y} = \dfrac{y^2 - x^2}{(x^2 + y^2)^2}$ ， $\dfrac{\partial^2 z}{\partial y \partial x} = \dfrac{y^2 - x^2}{(x^2 + y^2)^2}$ ， $\dfrac{\partial^2 z}{\partial y^2} = -\dfrac{2xy}{(x^2 + y^2)^2}$.

4. $f_{xx}(0, 0, 1) = 2$ ， $f_{xz}(1, 0, 2) = 2$ ， $f_{yz}(0, -1, 0) = 0$ ， $f_{zzx}(2, 0, 1) = 0$.

5. 略.

6. $\pi \left(2\ln 2 - \dfrac{5}{4} \right)$.

§11.4   全微分

1. （1） $\mathrm{e}^x \left[\ln(1 + y)\mathrm{d}x + \dfrac{1}{1 + y}\mathrm{d}y \right]$ ；（2） $\dfrac{1}{3}\left(\mathrm{d}x + \dfrac{1}{2}\mathrm{d}y + \dfrac{1}{3}\mathrm{d}z \right)$ ；（3） $uv + C$ ；

（4） 充分非必要；（5） $(\pi - 1)\mathrm{d}x - \mathrm{d}y$ ；（6） $xy\mathrm{e}^y$.

2. （1） $\mathrm{d}z = y(1 + x)^{y-1}\mathrm{d}x + (1 + x)^y \ln(1 + x)\mathrm{d}y$ ；（2） $\mathrm{d}z \Big|_{\substack{x=1 \\ y=2}} = \dfrac{1}{3}\mathrm{d}x + \dfrac{2}{3}\mathrm{d}y$ ；

（3）$\mathrm{d}z\big|_{\substack{x=1\\y=2}}=\dfrac{2}{5}\mathrm{d}x-\dfrac{2}{5}\mathrm{d}y$.

3. $\Delta z=-0.119$, $\mathrm{d}z=-0.125$.

§11.5 多元复合函数的求导法则

1. （1）二，三；（2）$\dfrac{1-x^2}{2}$；（3）$\dfrac{x}{2-z}$；（4）$\dfrac{y}{\cos x}+\dfrac{x}{\cos y}$；（5）$z$.

2. $\dfrac{\mathrm{d}z}{\mathrm{d}t}=\mathrm{e}^{\sin t-2t^3}(\cos t-6t^2)$.

3. $\dfrac{\partial z}{\partial y}=-\dfrac{2x^2}{y^3}\ln(3x-2y)-\dfrac{2x^2}{(3x-2y)y^2}$.

4. $2\sin 2t+1$.

5. $\dfrac{\partial u}{\partial x}=2xf_1'+y\mathrm{e}^{xy}f_2'$，$\dfrac{\partial u}{\partial y}=-2yf_1'+x\mathrm{e}^{xy}f_2'$.

6. （1）$\dfrac{\partial z}{\partial y}=2xf'(x^2-y^2)$，$\dfrac{\partial^2 z}{\partial y^2}=-2f'(x^2-y^2)+4y^2f''(x^2-y^2)$；

（2）$f_1'(1,1)+f_{11}''(1,1)-f_2'(1,1)$.

7. $\dfrac{\mathrm{d}y}{\mathrm{d}x}=\dfrac{y^2-\mathrm{e}^x}{\cos y-2xy}$.

8. $\dfrac{\mathrm{d}x}{\mathrm{d}z}=\dfrac{y-z}{x-y}$，$\dfrac{\mathrm{d}y}{\mathrm{d}z}=\dfrac{z-x}{x-y}$.

9. 略.

10. $a=-\dfrac{3}{4}$，$b=\dfrac{3}{4}$.

§11.6 多元函数的极值与最值

1. （1）$(0,0)$，2，-4，10，4，是，小，是；（2）$(\sqrt{2}+1)l$；（3）在 $(0,0)$ 取得最小值为 0，在 $(\pm 2,0)$ 取得最大值为 4.

2. 在 $(-1,1)$ 处有极大值 $z(-1,1)=1$.

3. 极大值 $y(1)=1$，极小值 $y(-1)=0$.

4. 最大值为 8，最小值为 0.

5. 最长距离为 $\sqrt{2}$，最短距离为 1.

6. （1）$x_1=0.75$，$x_2=1.25$；（2）$x_1=0$，$x_2=1.5$.

7. $x_1=6\left(\dfrac{P_2\alpha}{P_1\beta}\right)^{\beta}$，$x_2=6\left(\dfrac{P_1\beta}{P_2\alpha}\right)^{\alpha}$.

§11.8 二重积分（Ⅰ）

1. （1）$\{(x,y)\,|\,x^2+y^2\leqslant 2\}$，$\displaystyle\iint\limits_{x^2+y^2\leqslant 2}(6-3x^2-3y^2)\mathrm{d}\sigma$；（2）$6\pi$；（3）$\dfrac{2\pi}{3}$.

2. （1）$0\leqslant I\leqslant 2$；　（2）$-2\pi\leqslant J\leqslant 6\pi$.

3. （1）$\dfrac{1}{4}(\mathrm{e}-1)$；（2）$\dfrac{5}{6}$；（3）$\dfrac{15}{8}$；（4）$\dfrac{6}{55}$；（5）$\dfrac{64}{15}$；（6）$\dfrac{6}{5}$.

4. 略.

§11.8　二重积分（Ⅱ）

1.（1）$\int_0^1 dy \int_0^y f(x,\ y)dx$；（2）$\int_0^{2\pi} d\theta \int_0^R \rho f(\rho\cos\theta,\ \rho\sin\theta)d\rho$；（3）$\sqrt{2}-1$；

（4）$\dfrac{4\sqrt{2}-2}{9}$；（5）$\int_0^2 dy \int_{\sqrt{2y}}^{\sqrt{8-y^2}} f(x,\ y)dx.$

2.（1）$\dfrac{2}{3}\pi R^3$；（2）$\pi(e^{R^2}-1)$.

3.（1）$\dfrac{3}{35}$；（2）$\dfrac{5\pi}{4}$.

4. $\dfrac{3\pi}{4}$.

5.（1）πa^2；（2）$18\pi a^2$

6. $\left(\dfrac{2}{\pi}\right)^2 \left(1+\dfrac{2}{\pi}\right)$.

自测题十一

一、1. 椭圆抛物面；2. $\dfrac{1}{4}$；3. $\dfrac{4}{7}dx + \dfrac{2}{7}dy$；4. $-\dfrac{1}{2}$；5. $xy + \dfrac{1}{8}$.

二、1. B；2. A；3. A；4. C；5. C.

三、1. ln2.

2.（1）$\dfrac{\partial z}{\partial x} = \sin(x+y) + x\cos(x+y) - y\sin 2xy$，$\dfrac{\partial z}{\partial y} = x\cos(x+y) - x\sin 2xy$；

（2）$\dfrac{\partial z}{\partial x} = y^2(1+xy)^{y-1}$，$\dfrac{\partial z}{\partial y} = (1+xy)^y\left[\ln(1+xy) + \dfrac{xy}{1+xy}\right]$.

3. $\dfrac{\partial^2 z}{\partial x \partial y} = -\dfrac{y}{x^2}f'' + g_1' - \dfrac{x}{y}g_{12}'' - \dfrac{x}{y^2}g_{22}''$.

4. $\dfrac{dy}{dx} = \dfrac{y+x}{y-x}$.

5. $e^{-\frac{y}{x}}\dfrac{ydx - xdy}{x^2}$.

四、1. $\dfrac{\pi^2}{16}$.

2. $x=y=\dfrac{1}{2}$ 时取极小值 $z = \dfrac{11}{2}$.

五、证明略（提示：隐函数求导，在方程两边分别关于 x 和 y 求偏导）.

思考题十一

1.（1）B；（2）$(1+y)(f_1' + yf_2')g'$；（3）z；（4）$xy + \dfrac{1}{8}$；（5）$\dfrac{1}{2}(1-e^{-4})$.

2. $u_1''(x,\ 2x) = -\dfrac{4}{3}x$.

3. $\displaystyle\max_{(x,\,y)\,\in\,D} f(x,\,y) = f\left(\dfrac{2p}{3},\,\dfrac{2p}{3}\right) = \dfrac{p^4}{27}$，此时 $x = y = z = \dfrac{2p}{3}$，即三角形为等边三角形.

4. 当 $x = y = \dfrac{5}{2}\sqrt{2}$ 时，函数 $z = x^2 + y^2$ 在区域 D 的边界上取得最大值，同时也是在区域 D 上的最大值.

5. 51.

6. $\dfrac{3\pi + 12 + 9\sqrt{3}}{(\sqrt{3}\pi + 4\sqrt{3} + 9)^2}$.

7. $\dfrac{16}{9}(3\pi - 2)$.

8. $\dfrac{1}{2}A^2$.

9. $\dfrac{19}{4} + \ln 2$.

10. $\dfrac{3}{8}$.

11. $\dfrac{2}{9}$.

12. （1）$\dfrac{1}{3\pi}$；（2）提示：单调性、零点定理.

期 末 试 卷

第一学期期末考试试卷（A）

1．$(-1,\,8]$；2．e^6；3．$3e^{-9x^2}$；4．$(2x\cos x - x^2\sin x)\mathrm{d}x$；5．$\dfrac{9\pi}{2}$.

6．C；7．B；8．C；9．D；10．A.

11．（1）$\displaystyle\lim_{x\to 0}\dfrac{e^x - e^{-x}}{\sin x} = \lim_{x\to 0}\dfrac{e^x + e^{-x}}{\cos x} = 2$；

（2）$\displaystyle\lim_{x\to 0}(\cos x)^{\frac{1}{x^2}} = e^{\lim\limits_{x\to 0}\frac{\ln\cos x}{x^2}} = e^{-\frac{1}{2}}$.

12．$-\dfrac{1}{2}x\cos 2x + \dfrac{1}{4}\sin 2x + C$.

13．$y' = \dfrac{y^2 - e^x}{\cos y - 2xy}$.

14．单调递增区间为 $[-1,\,1]$，单调递减区间为 $(-\infty,\,1]$，$[1,\,+\infty)$. 极小值 $y(-1) = 1$；$y(1) = 1$，极大值 $y(0) = 2$.

15．$\displaystyle\int_1^{+\infty}\dfrac{1}{x(1 + \ln^2 x)}\mathrm{d}x = \int_1^{+\infty}\dfrac{1}{1 + \ln^2 x}\mathrm{d}\ln x = \left[\arctan(\ln x)\right]\Big|_1^{+\infty} = \dfrac{\pi}{2}$.

16. $\dfrac{\mathrm{d}y}{\mathrm{d}x}\Big|_{t=\frac{\pi}{4}}=1.$

17. 底边边长 $x=6\mathrm{m}$ ，高 $h=\dfrac{108}{36}\mathrm{m}=3\mathrm{m}$ 时用料最省．

18. $y=2x-1.$

19. 提示：单调性．

第一学期期末考试试卷（B）

1. e^2 ；2. $-\cos x$ ；3. $\ln 2\cdot 2^x\mathrm{d}x$ ；4. $\ln|x|+\sin x+C$ ；5. $\dfrac{\mathrm{e}^x x-\mathrm{e}^x}{x^2}.$

6. B；7. D；8. C；9. B；10. A.

11. $\dfrac{1}{2}.$

12. $a=b=3.$

13. $y'=2\cos x(-\sin x)+\sin 2x+2x\cos 2x=2x\cos 2x$ ；

$y''\big|_{x=0}=2\cos 2x-4x\sin 2x\big|_{x=0}=2.$

14. 凹区间为 $(-1,+\infty)$ ，凸区间为 $(-\infty,-1)$ ，$(-1,-\mathrm{e}^{-2})$ 是曲线的拐点．

15. $\dfrac{x^2}{2}\arctan x-\dfrac{1}{2}x+\dfrac{1}{2}\arctan x+C.$

16. $2-4\ln 3+4\ln 2.$

17. $\sqrt{3}x+4y-8\sqrt{3}=0.$

18. 每月每套租金为 3500 元时收入最高．

19. 提示：拉格朗日中值定理．

第一学期期末考试试卷（C）

1. $\sin^2 2x-\sin 2x$ ；2. $\mathrm{e}^{\frac{1}{3}}$ ；3. $\dfrac{1}{2\sqrt{x}(1+x)}\mathrm{d}x$ ；4. $-\dfrac{3}{4}$ ，0；5. 1；

6. B；7. B；8. C；9. D；10. A.

11. 2.

12. $y'=(x^2\ln x)=2x\ln x+x$ ；$y''=2\ln x+3$ ；$y''(1)=3.$

13. $\dfrac{\mathrm{d}y}{\mathrm{d}x}=\dfrac{-\sin x-y\mathrm{e}^{xy}}{2y+x\mathrm{e}^{xy}}.$

14. 单调递增区间为 $(-\infty,0]$ ，$[1,+\infty)$ ，单调递减区间为 $[0,1]$ ；极大值 $f(0)=0$ ，极小值 $f(1)=-\dfrac{1}{2}.$

15. $2(\sqrt{x+1}\mathrm{e}^{\sqrt{x+1}}-\mathrm{e}^{\sqrt{x+1}})+C.$

16. $\dfrac{4}{3}.$

17. 切线方程为 $y-3=x-3\left(\dfrac{\pi}{2}-1\right)$ 或 $x-y-\dfrac{3}{2}\pi+6=0.$

18. 当正方形边长 $x = \dfrac{C}{\pi + 4}$，圆半径 $R = \dfrac{C}{2\pi + 8}$ 时，面积之和达到最小.

19. 提示：零点定理.

第二学期期末考试试卷（A）

1. $x^4 + 2x^2y^2 + 2y^4$；　2. $2xy\,\mathrm{d}x + (x^2 + 2y)\,\mathrm{d}y$；　3. $y = A \cdot 3^x$，A 为任意常数；

4. 收敛；　5. $\displaystyle\sum_{n=0}^{\infty} \dfrac{2^n}{n!}x^n$，$x \in \mathbf{R}$.

6. A；　7. C；　8. A；　9. B；　10. C.

11. $\left.\dfrac{\partial z}{\partial x}\right|_{(0,\,0)} = 1$，$\left.\dfrac{\partial z}{\partial y}\right|_{(0,\,0)} = 0$.

12. $\dfrac{\partial z}{\partial x} = \ln(x + y) + \dfrac{x}{x + y}$；　　$\dfrac{\partial z}{\partial y} = \dfrac{x}{x + y}$；　　$\dfrac{\partial^2 z}{\partial x \partial y} = \dfrac{\partial}{\partial y}\left(\dfrac{\partial z}{\partial x}\right) = \dfrac{y}{(x + y)^2}$.

13. $y = \left[\dfrac{1}{2}(x + 1)^2 + C\right](x + 1)^2$.

14. 极小值为 $f(-4,\,1) = -1$.

15. 幂级数的收敛半径为 $R = 1$，收敛域为 $[-1,\,1]$.

16. $\displaystyle\iint\limits_{D} xy^2\,\mathrm{d}x\,\mathrm{d}y = \dfrac{1}{8}\int_{-1}^{1} y^2(1 - y^4)\,\mathrm{d}y = \dfrac{1}{21}$.

17. （1）$S_D = \displaystyle\int_0^{\frac{\pi}{2}} \sin x\,\mathrm{d}x = -\cos x\,\Big|_0^{\frac{\pi}{2}} = 1$；

（2）$V = \displaystyle\int_0^{\frac{\pi}{2}} \pi(\sin x)^2\,\mathrm{d}x = \pi\int_0^{\frac{\pi}{2}} \dfrac{1 - \cos 2x}{2}\,\mathrm{d}x = \dfrac{\pi^2}{4}$.

18. 函数的最大值为 $P(100,\,25) = 1250$.

19. 略.

第二学期期末考试试卷（B）

1. $\dfrac{\ln 2}{\sin 1}$；　2. 减少，1.2%；　3. $y_x = C(-1)^x$（C 为任意常数）；

4. $\displaystyle\sum_{n=0}^{\infty}(-1)^n \dfrac{4^n x^n}{3^{n+1}}$，$|x| < \dfrac{3}{4}$；　5. $\displaystyle\int_0^1 \mathrm{d}y \int_{y^2}^{y} f(x,\,y)\,\mathrm{d}x$.

6. A；　7. D；　8. B；　9. D；　10. A.

11. $\dfrac{\partial z}{\partial x} = -\dfrac{F_x}{F_z} = \dfrac{2xyz - z^x\ln z}{xz^{x-1} - x^2 y}$.

12. 极小值 $f(5,\,-2) = -19$.

13. $y^2 + 1 = \mathrm{e}^{2\arctan x}$.

14. $y = \dfrac{1}{4}x^2 - x + \dfrac{13}{8} + (C_1 + C_2 x)\mathrm{e}^{-2x}$（$C_1$，$C_2$ 为任意常数）.

15. 收敛半径为 $R = 1$，$(-1,\,1]$.

16. $\dfrac{5}{24}$.

17. $-\pi$.

18. (1) $S_D = \displaystyle\int_0^{\frac{1}{4}} (\sqrt{x} - 2x)\,dx = \left(\dfrac{2}{3}x^{\frac{3}{2}} - x^2\right)\Big|_0^{\frac{1}{4}} = 48$;

(2) $V = V_1 - V_2 = \displaystyle\int_0^{\frac{1}{4}} \pi\,(\sqrt{x})^2\,dx - \int_0^{\frac{1}{4}} \pi\,(2x)^2\,dx = \pi\int_0^{\frac{1}{4}} (x - 4x^2)\,dx = \dfrac{1}{96}\pi$.

19. $Q = 2(4-t)$，$T(t)$ 在 $t = 2$ 时取最大值．

20. 提示：收敛级数的必要条件．

第二学期期末考试试卷（C）

1. 发散；2. $y_x = C\left(\dfrac{3}{2}\right)^x$ ；3. $\sin y \cdot f_1' + 2xy \cdot f_2'$；

4. $\dfrac{1}{29}$；5. $I = \displaystyle\int_0^{\pi}\Big[\int_0^1 rf(r\cos\theta,\ r\sin\theta)\,dr\Big]\,d\theta$.

6. A；7. D；8. C；9. B；10. C.

11. (1) $\dfrac{\partial z}{\partial x} = -\dfrac{1}{3 + \sin z}$，$\dfrac{\partial z}{\partial y} = \dfrac{2}{3 + \sin z}$ ；(2) $dz = -\dfrac{1}{3}dx + \dfrac{2}{3}dy$.

12. -2.

13. $y = -1 + e^{x^2}$.

14. 收敛域为 $(-1,\ 1)$，$s(x) = \dfrac{1}{(1 - x)^2}$，$x \in (-1,\ 1)$.

15. $\dfrac{\partial z}{\partial y} = y\cos(x + 2y)$，$\dfrac{\partial^2 z}{\partial x \partial y} = \cos(x + 2y) - 2y\sin(x + 2y)$.

16. 函数有极小值 $f(0,\ 0) = 1$.

17. $\dfrac{27}{2}$.

18. $\displaystyle\sum_{n=0}^{\infty}\left(\dfrac{1}{2^{n+1}} - \dfrac{1}{3^{n+1}}\right)(x + 4)^n$，$x \in (-6,\ -2)$.

19. $C(24,\ 26) = 11118$.

20. 略.